はじめに

　日本数学教育学会高専・大学部会の教材研究グループ（ＴＡＭＳ）は，大学，高専，高校の数学教育に関して様々な活動をしています。その活動の一つとして，学生が自力で解くことができる３冊のドリルと演習シリーズ「基礎数学」「微分積分」「線形代数」を作り，これまでに多くの高専の授業で使用実績を積んできました。この度「基礎数学」については，項目を全面的に見直して再編し，問題の難易度と分量，例題と問題の整合性を吟味して改訂を行い，本書を著しました。

　このドリル「基礎数学」は，微分積分や線形代数，さらに応用数学を学ぶための基礎となるもので，特にしっかりと身につけてほしい内容を集めました。読者の対象は，高専や大学の学生ばかりではなく，社会人の方で数学を学び直したいとお考えの方などを想定しています。

　このドリルには次のような特徴があります。
(1) 学習内容が，到達目標ごとに細かく分かれている。
(2) 各項目とも２ページからなり，表面には基礎事項の要約と例題，裏面には問題が書いてある。
(3) 各項目の終わりに到達目標をチェックする欄を設けてある。
(4) ミシン目と綴じ穴がついていて，切り離して綴じることができる。

　問題の分量と難易度については，各項目の学習を自力で２０分以内に終えられるように配慮をしましたが，２０分で解けなくても構いません。原則として例題と問題を対応させ，例題を読めば問題を解くことができるようにしてあります。また，すべての問題に略解をつけました。このドリルを１冊やり遂げることができれば，確かな基礎学力が身につくものと確信しています。

このドリルを使って学習される方へ

　問題には解答を書き込むためのスペースをとってあります。途中の式も含め，自分の答えを書き込んでください。問題が解けない場合には，表面の例題を読んでください。問題に対応した例題があるはずです。問題を解いたあとで，解答を確認してください。

　チェック項目の欄には，次のような印をつけてみてください。

(○)：問題を自力で解くことができ，到達目標がよく理解できたと感じたとき

(△)：例題の解説を見ながら問題を解くことができ，到達目標がなんとなくわかったと感じたとき

(×)：例題の解説を読んでも問題を解くことができず，到達目標が全くわからないと感じたとき

　理解が不十分な項目については要点と例題を読み返し，もう一度問題を解いてみることをお勧めします。

授業や講義でこのドリルを使用される先生方へ

　このドリルは切り離して綴じることができます。授業や講義で使用する場合，このまま１冊の本として使用することの他に，課題や宿題として提出させ，コメントをつけて返却し，学生に綴じて保管させる，という方法なども考えられます。利用方法についてのご意見や，実際に使用されてお気づきになったことなどがありましたら，電気書院のホームページのお問い合わせよりご連絡頂ければ幸いです（https://www.denkishoin.co.jp/）。

（編集代表者一同）

i

ドリルと演習シリーズ1　基礎数学　目次

1	整式の加法・減法	1
2	単項式の積と商	3
3	整式の積	5
4	基本的な展開公式	7
5	発展的な展開公式	9
6	因数分解 (共通因数)	11
7	2次式の因数分解	13
8	因数分解 (たすきがけ)	15
9	因数分解 (3次式)	17
10	整式の除法	19
11	最大公約数・最小公倍数	21
12	分数式の約分・乗法・除法	23
13	分数式の加法・減法	25
14	繁分数式	27
15	平方根を含む計算	29
16	分母の有理化	31
17	絶対値	33
18	複素数	35
19	分母の実数化	37
20	連立1次方程式	39
21	因数分解による2次方程式の解法	41
22	解の公式による2次方程式の解法	43
23	2次方程式の判別式	45
24	解と係数の関係	47
25	2次方程式の立式	49
26	恒等式と未定係数法	51
27	剰余の定理と因数定理	53
28	因数定理による因数分解	55
29	1次不等式	57
30	2次不等式	59
31	3次不等式	61
32	連立不等式	63
33	集合	65
34	ド・モルガンの法則	67
35	集合の要素の個数	69
36	命題	71
37	逆, 裏, 対偶	73
38	等式の証明	75
39	比例式を条件とする等式の証明	77
40	不等式の証明・相加平均と相乗平均	79
41	$y=b,\ y=ax+b,\ y=ax^2,\ y=\dfrac{a}{x}$ のグラフ	81
42	2次関数の標準形	83
43	2次関数のグラフと軸との共有点	85
44	2次関数のグラフと2次不等式	87
45	2次関数のグラフと直線との共有点	89
46	2次関数の決定	91
47	2次関数の定義域と値域, 最大値と最小値	93
48	2次関数の応用問題	95
49	べき関数	97
50	奇関数と偶関数	99

51	分数関数 (1)	101
52	分数関数 (2)	103
53	分数方程式	105
54	無理関数	107
55	無理方程式	109
56	逆関数	111
57	グラフの平行移動	113
58	グラフの対称移動	115
59	グラフの拡大と縮小	117
60	累乗根	119
61	指数法則	121
62	指数関数とそのグラフ	123
63	指数方程式・不等式	125
64	対数の性質	127
65	底の変換公式	129
66	対数関数のグラフ	131
67	対数方程式・不等式	133
68	常用対数	135
69	鋭角の三角比	137
70	三角比の計算	139
71	余弦定理	141
72	正弦定理	143
73	三角形の面積	145
74	一般角と弧度法	147
75	扇形の弧の長さと面積	149
76	一般角の三角関数	151
77	三角関数の相互関係	153
78	三角関数の性質	155
79	正弦関数のグラフ	157
80	余弦関数のグラフ	159
81	正接関数のグラフ	161
82	三角関数のグラフの性質	163
83	三角関数の加法定理	165
84	2倍角・半角の公式	167
85	積和・和積の公式	169
86	三角関数の合成	171
87	三角方程式と三角不等式	173
88	平面上の2点間の距離	175
89	内分点と外分点	177
90	直線の方程式	179
91	円の方程式	181
92	円の接線	183
93	円と直線との位置関係	185
94	2次曲線（楕円・双曲線・放物線）	187
95	不等式と領域	189
96	領域上の最大値と最小値	191
	解答	193

1 整式の加法・減法

整式 (多項式) の加法・減法の計算ができる。

整式の計算法則　整式 A, B, C の和や積に対して，次の計算法則が成り立つ。

交換法則　　$A + B = B + A, \quad AB = BA$

結合法則　　$(A + B) + C = A + (B + C), \quad (AB)C = A(BC)$

分配法則　　$A(B + C) = AB + AC, \quad (A + B)C = AC + BC$

例題 1.1　$2x^2 + y^2 - 2xy + 3x + 4y - 5$ を，指定された文字について降べきの順に整理せよ。

(1) x について　　　　　　　　　　　　(2) y について

解答

(1) $2x^2 + y^2 - 2xy + 3x + 4y - 5 = 2x^2 - 2xy + 3x + y^2 + 4y - 5$
$$= 2x^2 - (2y - 3)x + (y^2 + 4y - 5)$$

(2) $2x^2 + y^2 - 2xy + 3x + 4y - 5 = y^2 - 2xy + 4y + 2x^2 + 3x - 5$
$$= y^2 - 2(x - 2)y + (2x^2 + 3x - 5)$$

注意： 降べきの順に整理するときは，係数部分も降べきの順になるようにする。
(2) で，y の係数は $-2(x-2)$，定数項は $2x^2 + 3x - 5$ である。

例題 1.2　$A = 2x^2 - 3xy + 4y^2$, $B = -5x^2 + 2xy + 3y^2$, $C = x^2 - 3y^2$ のとき，次の式を計算せよ。

(1) $2A - B + 3C$　　　　　　　　　　(2) $(2A + B) - (C - A)$

解答

(1) $2A - B + 3C = 2(2x^2 - 3xy + 4y^2) - (-5x^2 + 2xy + 3y^2) + 3(x^2 - 3y^2)$
$$= (4x^2 - 6xy + 8y^2) + (5x^2 - 2xy - 3y^2) + (3x^2 - 9y^2)$$
$$= (4x^2 + 5x^2 + 3x^2) + (-6xy - 2xy) + (8y^2 - 3y^2 - 9y^2)$$
$$= 12x^2 - 8xy - 4y^2$$

(2) $(2A + B) - (C - A) = 3A + B - C$
$$= 3(2x^2 - 3xy + 4y^2) + (-5x^2 + 2xy + 3y^2) - (x^2 - 3y^2)$$
$$= (6x^2 - 9xy + 12y^2) + (-5x^2 + 2xy + 3y^2) + (-x^2 + 3y^2)$$
$$= (6x^2 - 5x^2 - x^2) + (-9xy + 2xy) + (12y^2 + 3y^2 + 3y^2)$$
$$= -7xy + 18y^2$$

別解　これらの計算を，縦に行うこともできる。その場合は，各式を降べきの順に整理して，縦に同じ次数が揃うようにしてから計算する。

(例題 1.2 (1))
$$\begin{array}{r} 2A = 4x^2 - 6xy + 8y^2 \\ -B = 5x^2 - 2xy - 3y^2 \\ +)\quad 3C = 3x^2 - 9y^2 \\ \hline 12x^2 - 8xy - 4y^2 \end{array}$$

(例題 1.2 (2))
$$\begin{array}{r} 3A = 6x^2 - 9xy + 12y^2 \\ B = -5x^2 + 2xy + 3y^2 \\ +)\quad -C = -x^2 + 3y^2 \\ \hline -7xy + 18y^2 \end{array}$$

ドリル **no.1**　　class　　　no　　　name

問題 1.1 次の整式を，[ ] 内に指定された文字について，降べきの順に整理せよ。
(1)　$a^2 - 2b^2 + ab + 2a + 7b - 3$　　[a]　　(2)　$2x^2 + 3xy - 2y^2 + x + 7y - 3$　　[y]

問題 1.2 次の整式 A, B について，$A + B$, $A - B$ を求めよ。
(1)　$A = -3x^2 + 2x - 7, \ B = 3x^2 + x + 5$

(2)　$A = x^4 - 3x^3 - 4x^2 + 2x + 7, \ B = -2x^4 + 3x^3 + 2x - 8$

問題 1.3 $A = 4x^2 - 2xy - 5y^2, \ B = -3x^2 + 2xy + y^2, \ C = 2x^2 + 3xy$ のとき次の式を計算せよ。
(1)　$3A + 2B$　　　　　　　　　　(2)　$A + 2B + C$

(3)　$C - (3A - B - 2C)$

チェック項目	月　日	月　日
整式 (多項式) の加法・減法の計算ができる。		

2　単項式の積と商

指数法則を用いて単項式の計算ができる。

指数法則　$m,\ n$ が正の整数であるとき，次の式が成り立つ。

[1]　$a^m \cdot a^n = a^{m+n}$

[2]　$(a^m)^n = a^{mn}$

[3]　$(ab)^n = a^n b^n$

[4]　$\dfrac{a^m}{a^n} = \begin{cases} a^{m-n} & (m > n) \\ 1 & (m = n) \\ \dfrac{1}{a^{n-m}} & (m < n) \end{cases}$

例題 2.1　次の式を計算せよ。

(1)　$a^2 \cdot a \cdot a^3$　　　　(2)　$(a^2)^3 \cdot a^4$　　　　(3)　$(-5a^3 b)^4$

解答　単項式どうしの乗法の計算は，指数法則を利用して行う。

(1)　$a^2 \cdot a \cdot a^3 = (a \cdot a) \cdot a \cdot (a \cdot a \cdot a) = a^{2+1+3} = a^6$

(2)　$(a^2)^3 \cdot a^4 = (a^2 \cdot a^2 \cdot a^2) \cdot a^4 = a^{2 \cdot 3 + 4} = a^{10}$

(3)　$(-5a^3 b)^4 = (-5)^4 \cdot (a^3)^4 \cdot b^4 = 625 \cdot a^{3 \cdot 4} \cdot b^4 = 625 a^{12} b^4$

例題 2.2　次の式を計算せよ。

(1)　$(-2xy^2)^3 \cdot (-3x^4 y^3)$　　　　(2)　$\dfrac{(-2xy^2)^3}{-3x^4 y^3}$

解答

(1)　$(-2xy^2)^3 \cdot (-3x^4 y^3) = \left((-2)^3 x^3 (y^2)^3\right) \cdot (-3x^4 y^3)$

$= (-8x^3 y^6) \cdot (-3x^4 y^3)$

$= (-8) \cdot (-3) \cdot x^3 x^4 \cdot y^6 y^3$

$= 24 \cdot x^{3+4} \cdot y^{6+3}$

$= 24 x^7 y^9$

(2)　$\dfrac{(-2xy^2)^3}{-3x^4 y^3} = \dfrac{-8x^3 y^6}{-3x^4 y^3}$

$= \dfrac{8 y^{6-3}}{3 x^{4-3}}$

$= \dfrac{8 y^3}{3x}$

ドリル no.2	class	no	name

問題 2.1 次の式を計算せよ。

(1) $x^3 \cdot x^6$

(2) $(y^5)^4$

(3) $(3xy^2)^3$

(4) $(-2x^2y^3z)^4$

問題 2.2 次の式を計算せよ。

(1) $(-3x)^2 y^3$

(2) $(-a)^3 \cdot (-a)^4 \cdot (-a) \cdot (-a)^2$

(3) $(-2ab^3)^2 \cdot (2ab)^3$

(4) $\dfrac{(x^2y)^3}{(-2x^2y^3)^2}$

(5) $\dfrac{(2x)^5}{(-x)^3 \cdot (4x)}$

(6) $(-4x^2y^3)^4$

チェック項目	月 日	月 日
指数法則を用いて単項式の計算ができる。		

3　整式の積

分配法則を用いた整式(多項式)の積の計算ができる。

分配法則　整式 A, B, C に対して次の計算法則が成り立つ。
[1]　$A(B+C) = AB + AC$　　　　　　[2]　$(A+B)C = AC + BC$

例題 3.1　次の式を展開せよ。

(1)　$2x^3(6x^4 - 3x)$　　　　　　(2)　$(x^2 - 2xy)(3x - y)$

解答　整式の積の計算は，分配法則を用いて単項式どうしの積に直して計算する。

(1) $A = 2x^3$ とみて，[1] を利用して展開する。
$2x^3(6x^4 - 3x) = (2x^3)(6x^4) + (2x^3)(-3x) = 12x^7 - 6x^4$

(2) $A = x^2 - 2xy$, $B = 3x$, $C = y$ とみて，[1] を利用して展開する。

$$\begin{aligned}
(x^2 - 2xy)(3x - y) &= (x^2 - 2xy)(3x) - (x^2 - 2xy)y \\
&= (3x^3 - 6x^2y) - (x^2y - 2xy^2) \\
&= 3x^3 - 6x^2y - x^2y + 2xy^2 \\
&= 3x^3 - 7x^2y + 2xy^2
\end{aligned}$$

注意：　[2] を利用して展開してもよい。最後は，降べきの順に整理しておく。

例題 3.2　$(4x^3 - 6x^2 - 3)(2x^2 - 3x - 1)$ を展開せよ。

解答 1　$A = 4x^3 - 6x^2 - 3$ とみて，[1] を利用すると，

$(4x^3 - 6x^2 - 3)(2x^2 - 3x - 1)$
$= (4x^3 - 6x^2 - 3)(2x^2) - (4x^3 - 6x^2 - 3)(3x) - (4x^3 - 6x^2 - 3)$
$= (8x^5 - 12x^4 - 6x^2) - (12x^4 - 18x^3 - 9x) - (4x^3 - 6x^2 - 3)$
$= 8x^5 - 24x^4 + 14x^3 + 9x + 3$

解答 2　解答 1 の計算は，行をずらして次数を縦に揃えて書くと計算がしやすい。
$(4x^3 - 6x^2 - 3)(2x^2 - 3x - 1)$

$$\begin{aligned}
&= 8x^5 - 12x^4 \qquad\quad - 6x^2 \\
&\qquad\quad -12x^4 + 18x^3 \qquad\quad + 9x \\
&\qquad\qquad\qquad\quad -4x^3 + 6x^2 \qquad\quad + 3 \\
&= 8x^5 - 24x^4 + 14x^3 \qquad\quad + 9x + 3
\end{aligned}$$

解答 3　和や差の計算のときと同様にして，最初から縦に計算してもよい。降べきの順に整理し，縦に同じ次数が揃うようにするのがポイントである。

$$\begin{array}{rrrrrrrrr}
& 4x^3 & - & 6x^2 & & & - & 3 & \\
\times) & & & 2x^2 & - & 3x & - & 1 & \\
\hline
8x^5 & - & 12x^4 & & & - & 6x^2 & & \\
& - & 12x^4 & + & 18x^3 & & & + & 9x \\
& & & - & 4x^3 & + & 6x^2 & & + & 3 \\
\hline
8x^5 & - & 24x^4 & + & 14x^3 & & & + & 9x & + & 3
\end{array}$$

| ドリル no.3 | class | no | name |

問題 3.1 次の式を展開せよ。

(1) $-2x^2(3x^3 - 3x^2)$

(2) $(2x^3 - 3x)(-5x^3)$

(3) $(3x^2 - 2x)(2x - y)$

(4) $(3x + 4)(2x^4 - 5x)$

問題 3.2 次の式を例題 3.2 にならい，(1) (2) は解答 1 または解答 2 の方法で，(3) (4) は解答 3 の方法で展開せよ。

(1) $(4x^2 - 3x - 1)(3x - 1)$

(2) $(x^3 - 2x^2 + x - 3)(2x - 3)$

(3) $(x^4 + 2x^2 - 1)(3x^3 + 2x - 2)$

(4) $(3x^3 + 4x^2 - x + 5)(2x + 1)$

チェック項目	月 日	月 日
分配法則を用いた整式 (多項式) の積の計算ができる。		

4 基本的な展開公式

基本的な展開公式を用いた計算ができる。

基本的な展開公式 次の展開公式が成り立つ。

[1] $(a+b)^2 = a^2 + 2ab + b^2$

[2] $(a-b)^2 = a^2 - 2ab + b^2$

[3] $(a+b)(a-b) = a^2 - b^2$

[4] $(x+a)(x+b) = x^2 + (a+b)x + ab$

[5] $(ax+b)(cx+d) = acx^2 + (ad+bc)x + bd$

例題 4.1 次の式を展開せよ。

(1) $(x+3)^2$
(2) $(2x-y)^2$
(3) $(2x+\sqrt{2})(2x-\sqrt{2})$
(4) $(x+3)(x-2)$
(5) $(3x+4y)(2x-3y)$

解答

(1) $(x+3)^2 = x^2 + 2(x \cdot 3) + 3^2 = x^2 + 6x + 9$

(2) $(2x-y)^2 = (2x)^2 - 2(2x)y + y^2 = 4x^2 - 4xy + y^2$

(3) $(2x+\sqrt{2})(2x-\sqrt{2}) = (2x)^2 - (\sqrt{2})^2 = 4x^2 - 2$

(4) $(x+3)(x-2) = x^2 + (3-2)x + 3 \cdot (-2) = x^2 + x - 6$

(5) $(3x+4y)(2x-3y) = 6x^2 + (-9+8)xy - 12y^2 = 6x^2 - xy - 12y^2$

例題 4.2 次の式を展開せよ。

(1) $(2a-3b)^2$
(2) $(2x+5y)(2x-5y)$
(3) $(ab+3c)(ab+5c)$
(4) $(2ax+3y)(3ax-4y)$

解答

(1) $(2a-3b)^2 = 4a^2 - 2 \cdot 6ab + 9b^2 = 4a^2 - 12ab + 9b^2$

(2) $(2x+5y)(2x-5y) = (2x)^2 - (5y)^2 = 4x^2 - 25y^2$

(3) $(ab+3c)(ab+5c) = (ab)^2 + (3+5)abc + 15c^2 = a^2b^2 + 8abc + 15c^2$

(4) $(2ax+3y)(3ax-4y) = 6a^2x^2 + (-8+9)axy - 12y^2 = 6a^2x^2 + axy - 12y^2$

ドリル **no.4**　　class　　　no　　　name

問題 4.1 次の式を展開せよ。

(1) $(x+5)^2$

(2) $(3x-2y)^2$

(3) $(4+x)(4-x)$

(4) $(x+4y)(x+2y)$

(5) $(2a+3b)(2a-5b)$

(6) $(2x+5y)(3x-2y)$

問題 4.2 次の式を展開せよ。

(1) $(7x-y)^2$

(2) $\left(2x+\dfrac{1}{2}y\right)^2$

(3) $(3a-2b)(3a+2b)$

(4) $(a+bc)(a+2bc)$

チェック項目	月　日	月　日
基本的な展開公式を用いた計算ができる。		

5 発展的な展開公式

発展的な展開公式を用いた計算ができる。

発展的な展開公式 次の展開公式が成り立つ。

[1] $(a+b)^3 = a^3 + 3a^2b + 3ab^2 + b^3$

[2] $(a-b)^3 = a^3 - 3a^2b + 3ab^2 - b^3$

[3] $(a+b)(a^2 - ab + b^2) = a^3 + b^3$

[4] $(a-b)(a^2 + ab + b^2) = a^3 - b^3$

注意 1 : [2] は $a - b = a + (-b)$ と考えて [1] を利用してもよい。

$$\begin{aligned}(a-b)^3 = (a+(-b))^3 &= a^3 + 3a^2(-b) + 3a(-b)^2 + (-b)^3 \\ &= a^3 - 3a^2b + 3ab + b^3\end{aligned}$$

[4] も同様に，$(a-b)(a^2+ab+b^2) = (a+(-b))(a^2 - a(-b) + (-b)^2)$ と考えてもよい。

注意 2 : $(a+b)^3$ の展開式を忘れたときは，$(a+b)^3 = (a+b)^2(a+b) = (a^2 + 2ab + b^2)(a+b)$ として，これを展開すればよい。

注意 3 : $(a+b)(a^2 - ab + b^2)$ の展開式を忘れたときは，分配法則 $A(B+C) = AB + AC$ を利用して展開すればよい。

例題 5.1 次の各式を，公式 [1], [2] を用いて展開せよ。

(1) $(x+2)^3$
(2) $(2a-3b)^3$

解答

(1) $(x+2)^3 = x^3 + 3 \cdot x^2 \cdot 2 + 3 \cdot x \cdot 2^2 + 2^3 = x^3 + 6x^2 + 12x + 8$

(2) $(2a-3b)^3 = (2a)^3 - 3 \cdot (2a)^2 \cdot 3b + 3 \cdot 2a \cdot (3b)^2 - (3b)^3 = 8a^3 - 36a^2b + 54ab^2 - 27b^3$

例題 5.2 次の各式を，公式 [3], [4] を用いて展開せよ。

(1) $(a-2)(a^2 + 2a + 4)$
(2) $(3a+b)(9a^2 - 3ab + b^2)$

解答

(1) $(a-2)(a^2 + 2a + 4) = (a-2)(a^2 + a \cdot 2 + 2^2) = a^3 - 2^3 = a^3 - 8$

(2) $(3a+b)(9a^2 - 3ab + b^2) = (3a+b)\big((3a)^2 - 3a \cdot b + b^2\big) = (3a)^3 + (b)^3 = 27a^3 + b^3$

ドリル **no.5**　　class　　　　no　　　　name

問題 5.1 次の各式を，公式を用いて展開せよ。

(1) $(a+3)^3$

(2) $(x-2)^3$

(3) $(4a+b)^3$

(4) $(3x-y)^3$

(5) $(a+3)(a^2-3a+9)$

(6) $(x-5)(x^2+5x+25)$

問題 5.2 次の各式を，公式を用いて展開せよ。

(1) $(2x+3)^3$

(2) $(3a-2b)^3$

(3) $(2x+5y)(4x^2-10xy+25y^2)$

(4) $\left(2a-\dfrac{b}{2}\right)\left(4a^2+ab+\dfrac{b^2}{4}\right)$

チェック項目	月　日	月　日
発展的な展開公式を用いた計算ができる。		

6 因数分解 (共通因数)

> 共通因数でくくることができる。

因数分解の公式 (共通因数をくくり出す)

[1] $\quad ma + mb = m(a+b)$

[2] $\quad an + bn = (a+b)n$

例題 6.1 次の因数分解された整式の因数を求めよ。

(1) $\quad m(x+2)$ (2) $\quad (a-1)(x+y)$ (3) $\quad (a+b)^2$

解答 (1) は $m \times (x+2)$, $1 \times m(x+2)$ の 2 通りに考えることができる点に注意。

(1) 因数は $1, m, x+2, m(x+2)$

(2) 因数は $1, a-1, x+y, (a-1)(x+y)$

(3) 因数は $1, a+b, (a+b)^2$

例題 6.2 次の各式を因数分解せよ。

(1) $\quad xy^2 - x^2y$ (2) $\quad a^3b^3c + a^2b^4c + a^2b^3c^2$ (3) $\quad (a-b)^2 + c(b-a)$

解答

(1) 共通因数 xy をくくり出す。
$$xy^2 - x^2y = xy \cdot y - xy \cdot x = xy(y-x)$$

(2) 共通因数 a^2b^3c をくくり出す。
$$a^3b^3c + a^2b^4c + a^2b^3c^2 = a^2b^3c \cdot a + a^2b^3c \cdot b + a^2b^3c \cdot c = a^2b^3c(a+b+c)$$

(3) $b-a = -(a-b)$ より，共通因数 $a-b$ をくくり出す。
$$(a-b)^2 + c(b-a) = (a-b)^2 - c(a-b) = (a-b)\{(a-b)-c\} = (a-b)(a-b-c)$$

例題 6.3 $3ax^2 - x^2 - 3axy + y^2$ を因数分解せよ。

解答 2 つ以上の文字が混在しているときは，もっとも次数の低い文字について整理するのが原則である。この場合は a について整理すると，

$$\begin{aligned}
3ax^2 - x^2 - 3axy + y^2 &= a(3x^2 - 3xy) - (x^2 - y^2) \\
&= 3ax(x-y) - (x+y)(x-y) \\
&= (x-y)\{3ax - (x+y)\} \\
&= (x-y)(3ax - x - y)
\end{aligned}$$

ドリル **no.6**　　class　　　no　　　name

問題 6.1 次の因数分解された整式の因数を求めよ。

(1)　$a(b+c)$　　　　　　(2)　$(x-4)(y+5)$　　　　(3)　$(x-y)^2$

問題 6.2 次の各式を因数分解せよ。

(1)　$a^4b^2 + a^2b^4$　　　　　　(2)　$3a(x-y) + b(y-x)$

問題 6.3 次の各式を因数分解せよ。

(1)　$ax + by + ay + bx$　　　　　(2)　$x^2 + 2xy - 2yz - zx$

(3)　$2ax - 3ay + 2x^2 - 3xy$

チェック項目	月　日	月　日
共通因数でくくることができる。		

7 2次式の因数分解

公式を用いた2次式の因数分解ができる。

2次式の因数分解の公式

[1] $a^2 + 2ab + b^2 = (a+b)^2$

[2] $a^2 - 2ab + b^2 = (a-b)^2$

[3] $a^2 - b^2 = (a+b)(a-b)$

例題 7.1 次の各式を因数分解せよ。

(1) $x^2 + 6x + 9$ (2) $x^2 - 8xy + 16y^2$ (3) $a^2 - 9$

解答

(1) $x^2 + 6x + 9 = x^2 + 2 \cdot x \cdot 3 + 3^2$ と変形することで [1] が使えることがわかる。

$$x^2 + 6x + 9 = x^2 + 2 \cdot x \cdot 3 + 3^2 = (x+3)^2$$

(2) $x^2 - 8xy + 16y^2 = x^2 - 2 \cdot x \cdot 4y + (4y)^2$ と変形することで [2] が使えることがわかる。

$$x^2 - 8xy + 16y^2 = x^2 - 2 \cdot x \cdot 4y + (4y)^2 = (x - 4y)^2$$

(3) $a^2 - 9 = a^2 - 3^2$ と変形することで [3] が使えることがわかる。

$$a^2 - 9 = a^2 - 3^2 = (a+3)(a-3)$$

例題 7.2 次の各式を因数分解せよ。

(1) $4a^2 - 20a + 25$ (2) $9x^2 - 4y^2$

解答

(1) $4a^2 - 20a + 25 = (2a)^2 - 2 \cdot 2a \cdot 5 + 5^2$ と変形することで [2] が使えることがわかる。

$$4a^2 - 20a + 25 = (2a)^2 - 2 \cdot 2a \cdot 5 + 5^2 = (2a - 5)^2$$

(2) $9x^2 - 4y^2 = (3x)^2 - (2y)^2$ と変形することで [3] が使えることがわかる。

$$9x^2 - 4y^2 = (3x)^2 - (2y)^2 = (3x + 2y)(3x - 2y)$$

例題 7.3 次の各式を因数分解せよ。

(1) $(x+y)^2 + 2(x+y) + 1$ (2) $x^2 - 2xy + y^2 - 1$

解答

(1) $X = x + y$ とおくと，(与式) $= X^2 + 2X + 1$ となることから [1] が使えることがわかる。

$$(x+y)^2 + 2(x+y) + 1 = X^2 + 2X + 1 = (X+1)^2 = \{(x+y)+1\}^2 = (x+y+1)^2$$

(2) $x^2 - 2xy + y^2 = (x-y)^2$ なので，$X = x - y$ とおくと，(与式) $= X^2 - 1$ となることから [3] が使えることがわかる。

$$(x-y)^2 - 1 = X^2 - 1 = (X+1)(X-1) = \{(x-y)+1\}\{(x-y)-1\} = (x-y+1)(x-y-1)$$

ドリル no.7	class	no	name

問題 7.1 次の各式を因数分解せよ。

(1) $x^2 + 14x + 49$

(2) $a^2 - 10ab + 25b^2$

(3) $x^2 - 81y^2$

(4) $x^2y^2 - 9z^2$

問題 7.2 次の各式を因数分解せよ。

(1) $9x^2 + 6xy + y^2$

(2) $16x^2 - 24xy + 9y^2$

(3) $25a^2 - 36b^2$

(4) $a^2 - 2 + \dfrac{1}{a^2}$

問題 7.3 次の各式を因数分解せよ。

(1) $(x+y)^2 + 4(x+y) + 4$

(2) $(x+y)^2 - (2x-3y)^2$

(3) $x^2 + 2xy + y^2 - 4$

チェック項目	月 日	月 日
公式を用いた2次式の因数分解ができる。		

8 因数分解 (たすきがけ)

> たすきがけを用いた因数分解ができる。

2 次式の因数分解の公式

[1]　　$x^2 + (b+d)x + bd = (x+b)(x+d)$

[2]　　$acx^2 + (ad+bc)x + bd = (ax+b)(cx+d)$

たすき掛け　実際に因数分解するときは，右のような表を利用する。

掛けて acx^2 となる ax と cx を acx^2 上に並べる。

掛けて bd となる b と d を bd 上に並べる。

これらを斜めに掛け合った bcx と adx を右の方に書き，

足し合わせて $(ad+bc)x$ となるものをうまく見つける。

$$\begin{array}{ccccc} ax & & b & \longrightarrow & bcx \\ cx & \times & d & \longrightarrow & adx \\ \hline acx^2 & & bd & & (ad+bc)x \end{array}$$

例題 8.1　次の各式を因数分解せよ。

(1)　$x^2 - 8x + 12$　　　(2)　$3x^2 + 7x + 4$　　　(3)　$12a^2 + 4a - 1$

解答

(1) 足して -8，掛けて 12 となる 2 数は -2 と -6 であるから，$x^2 - 8x + 12 = (x-2)(x-6)$

(2)
$$\begin{array}{ccccc} 3x & & 4 & \longrightarrow & 4x \\ x & \times & 1 & \longrightarrow & 3x \\ \hline 3x^2 & & 4 & & 7x \end{array}$$
　　$3x^2 + 7x + 4 = (3x+4)(x+1)$

(3)
$$\begin{array}{ccccc} 6a & & -1 & \longrightarrow & -2a \\ 2a & \times & 1 & \longrightarrow & 6a \\ \hline 12a^2 & & -1 & & 4a \end{array}$$
　　$12a^2 + 4a - 1 = (6a-1)(2a+1)$

例題 8.2　次の各式を因数分解せよ。

(1)　$x^2 + 10xy + 9y^2$　　　(2)　$2x^2 - 5xy - 3y^2$　　　(3)　$10a^2 + 7ab - 12b^2$

解答

(1) 足して $10y$，掛けて $9y^2$ となる 2 数は $9y$ と y であるから，$x^2 + 10xy + 9y^2 = (x+9y)(x+y)$

(2)
$$\begin{array}{ccccc} 2x & & y & \longrightarrow & xy \\ x & \times & -3y & \longrightarrow & -6xy \\ \hline 2x^2 & & -3y^2 & & -5xy \end{array}$$
　　$2x^2 - 5xy - 3y^2 = (2x+y)(x-3y)$

(3)
$$\begin{array}{ccccc} 5a & & -4b & \longrightarrow & -8ab \\ 2a & \times & 3b & \longrightarrow & 15ab \\ \hline 10a^2 & & -12b^2 & & 7ab \end{array}$$
　　$10a^2 + 7ab - 12b^2 = (5a-4b)(2a+3b)$

ドリル **no.8**　　class　　　　no　　　　name

問題 **8.1** 次の各式を因数分解せよ。

(1) $x^2 - 6x + 8$

(2) $x^2 + 3x - 10$

(3) $2a^2 + 7a + 6$

(4) $6x^2 - 5x - 6$

問題 **8.2** 次の各式を因数分解せよ。

(1) $x^2 + 13xy + 42y^2$

(2) $x^2 + 2xy - 15y^2$

(3) $2a^2 - 3ab - 2b^2$

(4) $6x^2 + xy - 2y^2$

(5) $12x^2 - 8x - 15$

(6) $12x^2 + 31xy - 15y^2$

チェック項目	月	日	月	日
たすきがけを用いた因数分解ができる。				

9 因数分解 (3次式)

公式を用いて3次式を因数分解できる。

3次式の因数分解の公式

[1] $a^3 + b^3 = (a+b)(a^2 - ab + b^2)$

[2] $a^3 - b^3 = (a-b)(a^2 + ab + b^2)$

[3] $a^3 + 3a^2b + 3ab^2 + b^3 = (a+b)^3$

[4] $a^3 - 3a^2b + 3ab^2 - b^3 = (a-b)^3$

例題 9.1 公式を用いて，次の式を因数分解せよ。

(1) $x^3 + 2^3$ (2) $x^3 - 3^3$

解答 [1], [2] を用いて，

(1) $x^3 + 2^3 = (x+2)(x^2 - x \cdot 2 + 2^2) = (x+2)(x^2 - 2x + 4)$

(2) $x^3 - 3^3 = (x-3)(x^2 + x \cdot 3 + 3^2) = (x-3)(x^2 + 3x + 9)$

例題 9.2 次の式を $a^3 + b^3$ あるいは $a^3 - b^3$ の形に変形し，公式を用いて因数分解せよ。

(1) $x^3 + 27$ (2) $27a^3 - 8b^3$
(3) $(x+y)^3 - z^3$ (4) $8 + (x-3)^3$

解答 括弧を使ってミスがないように注意すること。[1], [2] を用いて，

(1) $x^3 + 27 = x^3 + 3^3 = (x+3)(x^2 - x \cdot 3 + 3^2) = (x+3)(x^2 - 3x + 9)$

(2) $27a^3 - 8b^3 = (3a)^3 - (2b)^3 = (3a - 2b)\{(3a)^2 + 3a \cdot 2b + (2b)^2\} = (3a-2b)(9a^2 + 6ab + 4b^2)$

(3) $A = x + y$ とおくと，
(与式) $= A^3 - z^3 = (A-z)(A^2 + Az + z^2) = \{(x+y)-z\}\{(x+y)^2 + (x+y)z + z^2\}$
$= (x+y-z)(x^2 + y^2 + z^2 + 2xy + xz + yz)$

(4) $A = x - 3$ とおくと，
(与式) $= 2^3 + A^3 = (2+A)(2^2 - 2 \cdot A + A^2) = \{2+(x-3)\}\{4 - 2 \cdot (x-3) + (x^2 - 6x + 9)\}$
$= (x-1)(x^2 - 8x + 19)$

例題 9.3 公式を用いて，次の式を因数分解せよ。

(1) $x^3 + 6x^2 + 12x + 8$ (2) $8x^3 - 12x^2y + 6xy^2 - y^3$

解答 [3], [4] を用いて，

(1) $x^3 + 6x^2 + 12x + 8 = x^3 + 3 \cdot x^2 \cdot 2 + 3 \cdot x \cdot 2^2 + 2^3 = (x+2)^3$

(2) $8x^3 - 12x^2y + 6xy^2 - y^3 = (2x)^3 - 3 \cdot (2x)^2 \cdot y + 3 \cdot (2x) \cdot y^2 - y^3 = (2x-y)^3$

ドリル no.9　　class　　　no　　　　name

問題 9.1 次の式を因数分解せよ。

(1) $x^3 + \left(\dfrac{1}{2}\right)^3$

(2) $(5a)^3 + (2b)^3$

(3) $\left(\dfrac{3x}{2}\right)^3 - y^3$

(4) $3^3 - (2x)^3$

問題 9.2 次の式を因数分解せよ。

(1) $\dfrac{8x^3}{27} + \dfrac{y^3}{64}$

(2) $8a^3 - 27b^3$

(3) $(x-y)^3 + z^3$

(4) $64 - (a+5)^3$

問題 9.3 次の式を因数分解せよ。

(1) $x^3 + 3x^2 + 3x + 1$

(2) $27x^3 - 54x^2y + 36xy^2 - 8y^3$

チェック項目	月　日	月　日
公式を用いて3次式を因数分解できる。		

10 整式の除法

> 整式の除法 (筆算) ができる。割られる式・割る式・商・余りの関係を理解している。

商と余り 割られる整式を A, 割る整式を B, 商を Q, 余りを R とするとき, 次の関係式が成り立つ。

$$A = BQ + R \quad (\text{ただし}, R \text{ の次数} < B \text{ の次数})$$

分数式の変形 分数式 $\dfrac{A}{B}$ において, 分子 A の次数が分母 B の次数より高いか等しいとする。このとき, A を B で割った商を Q, 余りを R とするとき,

$$\dfrac{A}{B} = Q + \dfrac{R}{B} \quad (\text{ただし}, R \text{ の次数} < B \text{ の次数})$$

として分数式の分子の次数を分母の次数より低くすることができる。

例題 10.1 次の整式の割り算を計算して商と余りを求めよ。
$$(2x^3 + 3x^2 - x + 1) \div (x - 2)$$

解答 次のように筆算を行う。

$$\begin{array}{r}
2x^2 + 7x + 13 \\
x-2 \overline{\smash{)}\, 2x^3 + 3x^2 - x + 1} \\
\underline{2x^3 - 4x^2 } \\
7x^2 - x \\
\underline{7x^2 - 14x } \\
13x + 1 \\
\underline{13x - 26} \\
27
\end{array}$$

商 $\cdots 2x^2 + 7x + 13$

余り $\cdots 27$

例題 10.2 次の整式の割り算を行い, 結果を $A = BQ + R$ の形で表せ。
$$(2x^3 - x^2 - x + 1) \div (x^2 + 2)$$

解答

$$\begin{array}{r}
2x - 1 \\
x^2+2 \overline{\smash{)}\, 2x^3 - x^2 - x + 1} \\
\underline{2x^3 + 4x } \\
-x^2 - 5x + 1 \\
\underline{-x^2 - 2} \\
-5x + 3
\end{array}$$

商が $2x - 1$, 余りが $-5x + 3$ なので

$$2x^3 - x^2 - x + 1 = (x^2 + 2)(2x - 1) + (-5x + 3)$$

例題 10.3 分数式 $\dfrac{3x^2 + 1}{x + 2}$ を $\dfrac{A}{B} = Q + \dfrac{R}{B}$ の形で表せ。

解答

$$\begin{array}{r}
3x - 6 \\
x+2 \overline{\smash{)}\, 3x^2 + 1} \\
\underline{3x^2 + 6x } \\
-6x + 1 \\
\underline{-6x - 12} \\
13
\end{array}$$

商が $3x - 6$, 余りが 13 なので

$$\dfrac{3x^2 + 1}{x + 2} = \dfrac{(x + 2)(3x - 6) + 13}{x + 2}$$

$$= 3x - 6 + \dfrac{13}{x + 2}$$

ドリル no.10　　class　　　no　　　name

問題 10.1　次の割り算を行い，その結果を $A = BQ + R$ の形で表せ。

(1) $\left(-x^3 + 2x^2 + 3x + 4\right) \div \left(x^2 + x - 1\right)$　　(2) $\left(x^4 - x^2 + 3x\right) \div (x + 2)$

問題 10.2　次の分数式の分子 A を分母 B で割った商 Q と余り R を求め，その結果を $\dfrac{A}{B} = Q + \dfrac{R}{B}$ の形で表せ。

(1) $\dfrac{x^3 + 3x^2 - x + 2}{x - 3}$　　(2) $\dfrac{2x^4 + 3x^2 - 2}{x^2 + 5x + 2}$

チェック項目	月　日	月　日
整式の除法 (筆算) ができる。割られる式・割る式・商・余りの関係を理解している。		

11 最大公約数・最小公倍数

整式の最大公約数及び最小公倍数を求めることができる。

複数の整式の最大公約数及び最小公倍数は，それぞれの整式を因数分解して求められる。

最大公約数 すべての数・式に含まれる因数の各々に，その指数のうち最小の数を指数として掛け合わせて求める。

最小公倍数 どれかの数・式に含まれる因数の各々に，その指数のうち最大の数を指数として掛け合わせて求める。

例題 11.1 次の各組の数について，それぞれ素因数分解し，最大公約数及び最小公倍数を求めよ。
(1) 24, 36
(2) 36, 84, 120

解答

(1) $24 = 2^3 \cdot 3$, $36 = 2^2 \cdot 3^2$ なので，最大公約数は $2^2 \cdot 3 = 12$ であり，最小公倍数は $2^3 \cdot 3^2 = 72$ である。

(2) $36 = 2^2 \cdot 3^2$, $84 = 2^2 \cdot 3 \cdot 7$, $120 = 2^3 \cdot 3 \cdot 5$ なので，最大公約数は $2^2 \cdot 3 = 12$ であり，最小公倍数は $2^3 \cdot 3^2 \cdot 5 \cdot 7 = 2520$ である。

例題 11.2 次の各組の単項式について，最大公約数及び最小公倍数を求めよ。
(1) a^2bc^3, ab^3
(2) ab^2c^3, bc^2, abc^3

解答

(1) 最大公約数は ab であり，最小公倍数は $a^2b^3c^3$ である。

(2) 最大公約数は bc^2 であり，最小公倍数は ab^2c^3 である。

例題 11.3 次の各組の整式について，最大公約数及び最小公倍数を求めよ。
(1) $(x-1)^2(x+3)$, $(x-1)(x+3)^3(x+5)$
(2) $x^2(x-1)$, $(x-1)(x-2)^3$, $x(x-1)^2(x-3)$
(3) x^2+x-2, x^2-4x+3
(4) x^3+2x^2+x, $2x^4+x^3-x^2$

解答 整式についても数の場合と同様に考えることができる。

(1) 最大公約数は $(x-1)(x+3)$ であり，最小公倍数は $(x-1)^2(x+3)^3(x+5)$ である。

(2) 最大公約数は $x-1$ であり，最小公倍数は $x^2(x-1)^2(x-2)^3(x-3)$ である。

(3) 与えられた整式を因数分解すると，
$$x^2+x-2 = (x-1)(x+2), \qquad x^2-4x+3 = (x-1)(x-3)$$

最大公約数は $x-1$ であり，最小公倍数は $(x-1)(x+2)(x-3)$ である。

(4) 与えられた整式を因数分解すると，
$$x^3+2x^2+x = x(x+1)^2, \qquad 2x^4+x^3-x^2 = x^2(x+1)(2x-1)$$

最大公約数は $x(x+1)$ であり，最小公倍数は $x^2(x+1)^2(2x-1)$ である。

ドリル **no.11**　class　　　no　　　name

問題 11.1　次の各組の単項式について最大公約数及び最小公倍数を求めよ。
(1)　$a^3bc^3,\ 3a^2c^4$
(2)　$abc,\ a^2b^2,\ abc^3$

問題 11.2　次の各組の整式について最大公約数及び最小公倍数を求めよ。
(1)　$(x+3)^3(x-2)(x+5)^3,\ x(x+3)(x+5)^4$

(2)　$3x^2+5x-2,\ 6x^2+7x-3$

(3)　$2x^3+7x^2+3x,\ 2x^2-9x-5,\ 4x^2+4x+1$

チェック項目	月	日	月	日
整式の最大公約数及び最小公倍数を求めることができる。				

12 分数式の約分・乗法・除法

> 分数式の約分及び乗法・除法の計算ができる。

分数式の分子と分母に公約数があるとき，分子と分母の両方を公約数で割って式を簡単にすることを約分するという。約分できない分数式を既約分数式という。分数式の分子と分母に公約数があるときは約分する。

分数式の乗法・除法　整式 A, B, C, D について，

$$\frac{A}{B} \times \frac{C}{D} = \frac{AC}{BD}, \qquad \frac{A}{B} \div \frac{C}{D} = \frac{A}{B} \times \frac{D}{C} = \frac{AD}{BC}$$

分数式で割るときは，割る分数式の分子と分母を入れ替えた分数式を掛ける。

例題 12.1　次の分数式を約分して，既約分数式に直せ。

(1) $\dfrac{b^2 c^5}{ab^3 c}$ 　　(2) $\dfrac{(x-1)^2(x+2)}{x(x-1)^3(x+3)}$ 　　(3) $\dfrac{x^2+3x-10}{x^3+4x^2-5x}$

解答

(1) 分子と分母を $b^2 c$ で割って $\dfrac{b^2 c^5}{ab^3 c} = \dfrac{c^4}{ab}$

(2) 分子と分母を公約数 $(x-1)^2$ で割って $\dfrac{(x-1)^2(x+2)}{x(x-1)^3(x+3)} = \dfrac{x+2}{x(x-1)(x+3)}$

(3) 分子と分母を因数分解すると，公約数 $x+5$ が現れる。

$$\frac{x^2+3x-10}{x^3+4x^2-5x} = \frac{(x-2)(x+5)}{x(x-1)(x+5)} = \frac{x-2}{x(x-1)}$$

例題 12.2　次の計算をせよ。

(1) $\dfrac{xy}{z} \times \dfrac{2yz}{x^2}$ 　　(2) $\dfrac{4}{t+1} \times \dfrac{(t+1)(t+2)}{6t}$

(3) $\dfrac{3c}{4ab} \div \dfrac{6bc^2}{a^3}$ 　　(4) $\dfrac{a^2-a-6}{a^2+5a-6} \div \dfrac{a-3}{a-1}$

解答

(1) $\dfrac{xy}{z} \times \dfrac{2yz}{x^2} = \dfrac{xy \cdot 2yz}{z \cdot x^2} = \dfrac{2y^2}{x}$

(2) $\dfrac{4}{t+1} \times \dfrac{(t+1)(t+2)}{6t} = \dfrac{4(t+1)(t+2)}{(t+1)6t} = \dfrac{2(t+2)}{3t}$

(3) $\dfrac{3c}{4ab} \div \dfrac{6bc^2}{a^3} = \dfrac{3c}{4ab} \times \dfrac{a^3}{6bc^2} = \dfrac{3c \cdot a^3}{4ab \cdot 6bc^2} = \dfrac{a^2}{8b^2 c}$

(4) $\dfrac{a^2-a-6}{a^2+5a-6} \div \dfrac{a-3}{a-1} = \dfrac{(a-3)(a+2)}{(a-1)(a+6)} \times \dfrac{a-1}{a-3} = \dfrac{(a-3)(a+2)(a-1)}{(a-1)(a+6)(a-3)} = \dfrac{a+2}{a+6}$

注意： (4) の答えから $\dfrac{a+2}{a+6} = \dfrac{\cancel{a}+2}{\cancel{a}+6} = \dfrac{2}{6}$ のような計算はできない。

ドリル no.12   class   no   name

問題 12.1 次の分数式を約分して，既約分数式に直せ。

(1) $\dfrac{6x^2 - 11x + 4}{10x^2 - x - 2}$

(2) $\dfrac{x^3 - 8}{3x^2 - 5x - 2}$

問題 12.2 次の計算をせよ。

(1) $\dfrac{3x^2 y}{14a^2 b^3} \times \dfrac{21a^3 b}{9xy^3}$

(2) $\dfrac{ab^3}{2x^2 y^2} \div \dfrac{a^2 b}{xy}$

(3) $\dfrac{a^2 + b^2}{a + b} \times \dfrac{a^2 - b^2}{a^2 b + b^3}$

(4) $\dfrac{x^3 + 8}{x^2 - 4} \div \dfrac{x^2 - 2x + 4}{x^2 - x - 2}$

(5) $\dfrac{x}{y} \times \dfrac{2a}{3b} \div \dfrac{4a^2}{5y^2}$

チェック項目	月 日	月 日
分数式の約分及び乗法・除法の計算ができる。		

13　分数式の加法・減法

> 分数式の加法・減法の計算ができる．

> 分母が異なる分数式の加法や減法の計算では，各分数式の分母の最小公倍数を分母とする分数式の計算に直す．

例題 13.1 次の式を1つの分数式にまとめて簡単にせよ．

(1) $1 + \dfrac{1}{x-1}$

(2) $\dfrac{1}{a} - \dfrac{2}{b}$

(3) $\dfrac{z}{2xy} + \dfrac{y}{3x^2z}$

(4) $\dfrac{x}{(x+1)(x-1)} + \dfrac{1}{x+1}$

(5) $\dfrac{3}{x^2+x-2} - \dfrac{2}{x^2+2x}$

解答

(1) 分母を $x-1$ で通分して，
$$1 + \frac{1}{x-1} = \frac{(x-1)+1}{x-1} = \frac{x}{x-1}$$

(2) 分母の最小公倍数は ab なので，
$$\frac{1}{a} - \frac{2}{b} = \frac{b}{ab} - \frac{2a}{ab} = \frac{b-2a}{ab}$$

(3) 分母の最小公倍数は $6x^2yz$ なので，
$$\frac{z}{2xy} + \frac{y}{3x^2z} = \frac{z \cdot 3xz}{2xy \cdot 3xz} + \frac{y \cdot 2y}{3x^2z \cdot 2y} = \frac{3xz^2 + 2y^2}{6x^2yz}$$

(4) 分母の最小公倍数は $(x+1)(x-1)$ なので，
$$\frac{x}{(x+1)(x-1)} + \frac{1}{x+1} = \frac{x}{(x+1)(x-1)} + \frac{1 \cdot (x-1)}{(x+1)(x-1)} = \frac{x+(x-1)}{(x+1)(x-1)}$$
$$= \frac{2x-1}{(x+1)(x-1)}$$

(5) 分母を因数分解して最小公倍数を求めると $x(x-1)(x+2)$ なので，
$$\frac{3}{x^2+x-2} - \frac{2}{x^2+2x} = \frac{3}{(x-1)(x+2)} - \frac{2}{x(x+2)} = \frac{3x}{x(x-1)(x+2)} - \frac{2(x-1)}{x(x-1)(x+2)}$$
$$= \frac{3x-2(x-1)}{x(x-1)(x+2)} = \frac{x+2}{x(x-1)(x+2)}$$
$$= \frac{1}{x(x-1)}$$

ドリル **no.13**　　class　　　　no　　　　name

問題 13.1　次の式を1つの分数式にまとめて簡単にせよ。

(1)　$\dfrac{c}{ab}+\dfrac{a}{bc}+\dfrac{b}{ca}$

(2)　$2-\dfrac{3}{x+1}$

(3)　$\dfrac{1}{2n-1}-\dfrac{1}{2n+1}$

(4)　$\dfrac{1}{x+a}-\dfrac{1}{x+b}$

(5)　$\dfrac{t}{t^2-6t+9}-\dfrac{3}{t^2-9}$

(6)　$\dfrac{1}{x^3+3x^2+2x}+\dfrac{1}{x^3+x^2}$

チェック項目	月　日	月　日
分数式の加法・減法の計算ができる。		

14 繁分数式

> 繁分数式を簡単な分数式に直すことができる。

> 分子あるいは分母の中に分数（式）が現れる分数を繁分数（式）という。繁分数（式）は，分子と分母とに共通の数（式）を掛けて，分子あるいは分母の中の分数（式）の分母を払う。

例題 14.1 次の繁分数式を簡単な分数式に直せ。

(1) $\dfrac{2}{2+\dfrac{5}{3x-4}}$

(2) $\dfrac{1}{\dfrac{1}{a}+\dfrac{1}{b}}$

(3) $\dfrac{3+\dfrac{4}{2x-1}}{2+\dfrac{3}{x+1}}$

(4) $\dfrac{1}{1+\dfrac{1}{1+\dfrac{1}{x}}}$

解答

(1) 分母の中の分数の分母 $3x-4$ を払うために，分子と分母とに $3x-4$ をかける。

$$\dfrac{2}{2+\dfrac{5}{3x-4}}=\dfrac{2(3x-4)}{\left(2+\dfrac{5}{3x-4}\right)(3x-4)}=\dfrac{6x-8}{2(3x-4)+\dfrac{5}{3x-4}(3x-4)}=\dfrac{6x-8}{6x-8+5}$$
$$=\dfrac{6x-8}{6x-3}$$

(2) 分母の中の分数の分母 a と b とを払うために，分子と分母とに ab をかける。

$$\dfrac{1}{\dfrac{1}{a}+\dfrac{1}{b}}=\dfrac{1\times ab}{\left(\dfrac{1}{a}+\dfrac{1}{b}\right)\times ab}=\dfrac{ab}{\dfrac{1}{a}ab+\dfrac{1}{b}ab}=\dfrac{ab}{b+a}=\dfrac{ab}{a+b}$$

(3) 分母の分母 $(x+1)$，分子の分母 $(2x-1)$ を払うために，分子と分母とに $(x+1)(2x-1)$ をかける。

$$\dfrac{3+\dfrac{4}{2x-1}}{2+\dfrac{3}{x+1}}=\dfrac{\left(3+\dfrac{4}{2x-1}\right)(x+1)(2x-1)}{\left(2+\dfrac{3}{x+1}\right)(x+1)(2x-1)}=\dfrac{(x+1)\left\{3(2x-1)+\dfrac{4}{2x-1}(2x-1)\right\}}{(2x-1)\left\{2(x+1)+\dfrac{3}{x+1}(x+1)\right\}}$$
$$=\dfrac{(x+1)(6x-3+4)}{(2x-1)(2x+2+3)}=\dfrac{(x+1)(6x+1)}{(2x-1)(2x+5)}$$

(4) 分母にある分数の，分子と分母に x をかけることから始める（まず最も小さい分数の分母 x を払う）。整理した後，次は分子と分母に $(x+1)$ をかける。

$$\dfrac{1}{1+\dfrac{1}{1+\dfrac{1}{x}}}=\dfrac{1}{1+\dfrac{1\cdot x}{\left(1+\dfrac{1}{x}\right)x}}=\dfrac{1}{1+\dfrac{x}{x+1}}=\dfrac{1\cdot(x+1)}{\left(1+\dfrac{x}{x+1}\right)(x+1)}=\dfrac{x+1}{x+1+x}=\dfrac{x+1}{2x+1}$$

ドリル no.14　　class　　　no　　　name

問題 14.1　次の繁分数式を簡単な分数式に直せ。

(1) $\dfrac{a-b}{\dfrac{c}{a}-\dfrac{c}{b}}$

(2) $\dfrac{\dfrac{1}{x+h}-\dfrac{1}{x}}{h}$

(3) $\dfrac{4+\dfrac{3}{x-2}}{3+\dfrac{2}{2x-1}}$

(4) $1-\dfrac{1}{1-\dfrac{1}{1-\dfrac{1}{x+1}}}$

チェック項目	月　日	月　日
繁分数式を簡単な分数式に直すことができる。		

15 平方根を含む計算

平方根を含む計算ができる。

$a \geq 0$ のとき，2乗すると a になる数を a の平方根という。$a > 0$ のとき，a の平方根は 2 つあり，そのうち正の数を記号 $\sqrt{a}$ で表す。$a > 0$, $b > 0$ のとき次が成り立つ。

[1] $\quad \sqrt{a}\sqrt{b} = \sqrt{ab}$

[2] $\quad \dfrac{\sqrt{a}}{\sqrt{b}} = \sqrt{\dfrac{a}{b}}$

例題 15.1 次の式を簡単にせよ。

(1) $\sqrt{24} + \sqrt{54}$ $\quad$ (2) $\sqrt{3}(\sqrt{6} + \sqrt{15})$ $\quad$ (3) $(\sqrt{5} - 3\sqrt{2})^2$

解答 $a > 0$ のとき，根号内に平方数 a^2 を含めば，$\sqrt{a^2 b} = \sqrt{a^2}\sqrt{b} = a\sqrt{b}$ となる。また，$(\sqrt{a})^2 = a$ や $\sqrt{ab} = \sqrt{a}\sqrt{b}$ などの平方根の性質や展開公式などを利用して，根号内が簡単な数となるように変形していけばよい。なお，$\sqrt{a}$ は 2 乗すると a になる数のうち正の数を表す記号である。

(1) $\sqrt{24} + \sqrt{54} = \sqrt{4 \cdot 6} + \sqrt{9 \cdot 6} = \sqrt{4}\sqrt{6} + \sqrt{9}\sqrt{6} = 2\sqrt{6} + 3\sqrt{6} = 5\sqrt{6}$

(2) $\sqrt{3}(\sqrt{6} + \sqrt{15}) = \sqrt{3}\sqrt{6} + \sqrt{3}\sqrt{15} = \sqrt{3}(\sqrt{3}\sqrt{2}) + \sqrt{3}(\sqrt{3}\sqrt{5}) = 3\sqrt{2} + 3\sqrt{5}$

(3) $(\sqrt{5} - 3\sqrt{2})^2 = (\sqrt{5})^2 - 2 \cdot \sqrt{5} \cdot 3\sqrt{2} + (3\sqrt{2})^2 = 5 - 6\sqrt{10} + 18 = 23 - 6\sqrt{10}$

例題 15.2 次の式を簡単にせよ。

(1) $\sqrt{72} - \sqrt{50} + \sqrt{32}$ $\quad$ (2) $(\sqrt{5} - 3\sqrt{2})(\sqrt{5} + 4\sqrt{2})$ $\quad$ (3) $(\sqrt{3} - \sqrt{2})^3$

解答

(1) $\sqrt{72} - \sqrt{50} + \sqrt{32} = \sqrt{36 \cdot 2} - \sqrt{25 \cdot 2} + \sqrt{16 \cdot 2} = 6\sqrt{2} - 5\sqrt{2} + 4\sqrt{2} = 5\sqrt{2}$

(2) 展開公式 $(x + a)(x + b) = x^2 + (a + b)x + ab$ を利用できる形になっている。
$(\sqrt{5} - 3\sqrt{2})(\sqrt{5} + 4\sqrt{2}) = (\sqrt{5})^2 + (-3 + 4)\sqrt{5}\sqrt{2} - 12(\sqrt{2})^2 = 5 + \sqrt{10} - 24 = -19 + \sqrt{10}$

(3) 展開公式 $(a - b)^3 = a^3 - 3a^2 b + 3ab^2 - b^3$ を利用できる形になっている。
$(\sqrt{3} - \sqrt{2})^3 = (\sqrt{3})^3 - 3(\sqrt{3})^2 \sqrt{2} + 3\sqrt{3}(\sqrt{2})^2 - (\sqrt{2})^3$
$= 3\sqrt{3} - 9\sqrt{2} + 6\sqrt{3} - 2\sqrt{2} = 9\sqrt{3} - 11\sqrt{2}$

例題 15.3 $x = 3 - \sqrt{2}$ のとき，$x^2 - 6x + 5$ の値を求めよ。

解答 直接代入すると，

$$x^2 - 6x + 5 = (3 - \sqrt{2})^2 - 6(3 - \sqrt{2}) + 5 = 9 - 6\sqrt{2} + 2 - 18 + 6\sqrt{2} + 5 = -2$$

別解 $x = 3 - \sqrt{2}$ より，$x - 3 = -\sqrt{2}$ である。この両辺を平方すると，$(x - 3)^2 = (-\sqrt{2})^2$ より，$x^2 - 6x + 9 = 2$ となるので，両辺から 4 を引いて $x^2 - 6x + 5 = -2$ である。

注意：このように，ちょっとした工夫をすることで，値を簡単に求められることがある。

ドリル **no.15**　　class　　　no　　　name

問題 15.1　次の式を計算せよ。

(1) $3\sqrt{20} + 2\sqrt{45}$　　　　　　　　(2) $\sqrt{7}(\sqrt{14} - \sqrt{56})$

(3) $(2\sqrt{3} - \sqrt{7})(3\sqrt{3} + 2\sqrt{7})$　　　(4) $(3 + 2\sqrt{2})^3$

(5) $\sqrt{3}(\sqrt{6} - 2\sqrt{24})$　　　　　　(6) $(3\sqrt{2} - \sqrt{3})^2$

(7) $(3\sqrt{3} - \sqrt{6})(3\sqrt{3} + 3\sqrt{6})$　　(8) $(\sqrt{5} - 2\sqrt{2})^3$

問題 15.2　$x = 2 + \sqrt{7}$ のとき，$x^2 - 4x + 7$ の値を求めよ。

チェック項目	月　日	月　日
平方根を含む計算ができる。		

16 分母の有理化

> 分母の有理化ができる。

例題 16.1 次の式を有理化せよ。

(1) $\dfrac{3}{2\sqrt{3}}$ (2) $\dfrac{4}{\sqrt{3}-1}$ (3) $\dfrac{\sqrt{2}}{\sqrt{3}-2\sqrt{2}}$

解答　「有理化」とは，分母に根号を含む式を，分母に根号を含まない式に直すことをいう。

(1) $\dfrac{3}{2\sqrt{3}} = \dfrac{3 \cdot \sqrt{3}}{2\sqrt{3} \cdot \sqrt{3}} = \dfrac{3\sqrt{3}}{2 \cdot 3} = \dfrac{\sqrt{3}}{2}$

(2) $\dfrac{4}{\sqrt{3}-1} = \dfrac{4(\sqrt{3}+1)}{(\sqrt{3}-1)(\sqrt{3}+1)} = \dfrac{4(\sqrt{3}+1)}{(\sqrt{3})^2-1^2} = \dfrac{4(\sqrt{3}+1)}{3-1} = 2(\sqrt{3}+1)$

(3) $\dfrac{\sqrt{2}}{\sqrt{3}-2\sqrt{2}} = \dfrac{\sqrt{2}(\sqrt{3}+2\sqrt{2})}{(\sqrt{3}-2\sqrt{2})(\sqrt{3}+2\sqrt{2})} = \dfrac{\sqrt{2}(\sqrt{3}+2\sqrt{2})}{(\sqrt{3})^2-(2\sqrt{2})^2} = \dfrac{\sqrt{6}+4}{3-8} = -\dfrac{1}{5}(\sqrt{6}+4)$

注意： いずれも，分子・分母に同じ式を掛けて分母が根号を含まないような変形を行っている。そのためには，$\sqrt{a} \cdot \sqrt{a} = a$ や $(\sqrt{a}+\sqrt{b})(\sqrt{a}-\sqrt{b}) = (\sqrt{a})^2-(\sqrt{b})^2 = a-b$ であることを利用する。(1) では，分子・分母に掛けるのは $2\sqrt{3}$ ではなく $\sqrt{3}$ だけでよい。(2) では，分子・分母に $\sqrt{3}$ を掛けても，

$$\dfrac{4}{\sqrt{3}-1} = \dfrac{4\sqrt{3}}{\sqrt{3}(\sqrt{3}-1)} = \dfrac{4\sqrt{3}}{3-\sqrt{3}}$$

となり有理化はされない。$(a+b)(a-b) = a^2-b^2$ が利用できるように $\sqrt{3}+1$ を掛ける。

例題 16.2 次の式を計算せよ。

(1) $\dfrac{\sqrt{2}}{\sqrt{3}-1} + \dfrac{\sqrt{2}}{\sqrt{3}+1}$ (2) $\dfrac{\sqrt{3}-\sqrt{2}}{\sqrt{3}+\sqrt{2}} + \dfrac{\sqrt{3}+\sqrt{2}}{\sqrt{3}-\sqrt{2}}$

解答　最初に，個々の分数を有理化してから計算する。

(1) $\dfrac{\sqrt{2}}{\sqrt{3}-1} + \dfrac{\sqrt{2}}{\sqrt{3}+1} = \dfrac{\sqrt{2}(\sqrt{3}+1)}{(\sqrt{3}-1)(\sqrt{3}+1)} + \dfrac{\sqrt{2}(\sqrt{3}-1)}{(\sqrt{3}+1)(\sqrt{3}-1)}$

$= \dfrac{\sqrt{2}(\sqrt{3}+1)}{2} + \dfrac{\sqrt{2}(\sqrt{3}-1)}{2}$

$= \dfrac{(\sqrt{6}+\sqrt{2})+(\sqrt{6}-\sqrt{2})}{2}$

$= \dfrac{2\sqrt{6}}{2} = \sqrt{6}$

(2) $\dfrac{\sqrt{3}-\sqrt{2}}{\sqrt{3}+\sqrt{2}} + \dfrac{\sqrt{3}+\sqrt{2}}{\sqrt{3}-\sqrt{2}} = \dfrac{(\sqrt{3}-\sqrt{2})(\sqrt{3}-\sqrt{2})}{(\sqrt{3}+\sqrt{2})(\sqrt{3}-\sqrt{2})} + \dfrac{(\sqrt{3}+\sqrt{2})(\sqrt{3}+\sqrt{2})}{(\sqrt{3}-\sqrt{2})(\sqrt{3}+\sqrt{2})}$

$= \dfrac{3-2\sqrt{6}+2}{3-2} + \dfrac{3+2\sqrt{6}+2}{3-2}$

$= 5+5 = 10$

ドリル **no.16**　　class　　　no　　　name

問題 **16.1**　次の式を計算せよ。

(1) $\dfrac{10}{3\sqrt{5}}$

(2) $\dfrac{3}{\sqrt{6}-3}$

(3) $\dfrac{3\sqrt{2}}{\sqrt{5}-\sqrt{2}}$

(4) $\dfrac{3}{2\sqrt{24}}$

(5) $\dfrac{3\sqrt{2}}{\sqrt{5}-2}$

(6) $\dfrac{\sqrt{5}}{\sqrt{10}+\sqrt{5}}$

問題 **16.2**　次の式を計算せよ。

(1) $\dfrac{3}{\sqrt{7}-2}+\dfrac{3}{\sqrt{7}+2}$

(2) $\dfrac{\sqrt{5}+\sqrt{2}}{\sqrt{5}-\sqrt{2}}+\dfrac{\sqrt{5}-\sqrt{2}}{\sqrt{5}+\sqrt{2}}$

チェック項目	月　日	月　日
分母の有理化ができる。		

17 絶対値

絶対値の意味，$\sqrt{a^2} = |a|$ であることを理解している。

平方根と絶対値 $a,\ b$ が実数のとき，

$$\sqrt{a^2} = |a| = \begin{cases} a & (a \geq 0) \\ -a & (a < 0) \end{cases} \qquad 特に \quad |a-b| = \begin{cases} a-b & (a \geq b) \\ b-a & (a < b) \end{cases}$$

注意： $\sqrt{3^2} = |3| = 3$ であるが，$\sqrt{(-3)^2} = |-3| = -(-3) = 3$ である。

例題 17.1 次の値を絶対値や根号を用いないで表せ。

(1) $|-3|$ (2) $\sqrt{(-7)^2}$ (3) $|3-\pi|$

(4) $\sqrt{(a-2)^2}$ $(a > 2)$ (5) $|4-2\sqrt{5}| + |\sqrt{5}-2|$

解答 絶対値記号の中にある数や式が，正か負か判断する。

(1) $-3 < 0$ なので $|-3| = -(-3) = 3$

(2) $-7 < 0$ なので $\sqrt{(-7)^2} = |-7| = -(-7) = 7$

(3) $3-\pi < 0$ なので $|3-\pi| = -(3-\pi) = \pi - 3$

(4) $a > 2$ のとき $a-2 > 0$ なので $\sqrt{(a-2)^2} = |a-2| = a-2$

(5) $4-2\sqrt{5} < 0,\ \sqrt{5}-2 > 0$ なので $|4-2\sqrt{5}| + |\sqrt{5}-2| = -(4-2\sqrt{5}) + (\sqrt{5}-2) = 3\sqrt{5}-6$

例題 17.2 次の方程式を解け。

(1) $|x+4| = 3$ (2) $|2x-3| = 5$

解答 $|x| = a$ のとき，$x = \pm a$ であることに注意して計算する。

(1) $|x+4| = 3$ より，$x+4 = \pm 3$ だから

$$x = -4 \pm 3 = -1, -7$$

(2) $|2x-3| = 5$ より，$2x-3 = \pm 5$ だから

$$x = \frac{3 \pm 5}{2} = 4, -1$$

例題 17.3 x が次の条件を満たすとき，$|x-2| + |x+1|$ を絶対値を用いないで表せ。

(1) $x < -1$ (2) $-1 \leq x < 2$ (3) $2 \leq x$

解答

(1) $x < -1$ より，$x-2 < 0,\ x+1 < 0$ なので，$|x-2| + |x+1| = -(x-2) + \{-(x+1)\}$
$= -x+2-x-1 = -2x+1$

(2) $-1 \leq x < 2$ より，$x-2 < 0,\ x+1 \geq 0$ なので，$|x-2| + |x+1| = -(x-2) + (x+1) = 3$

(3) $2 \leq x$ より，$x-2 \geq 0,\ x+1 > 0$ なので，$|x-2| + |x+1| = (x-2) + (x+1) = 2x-1$

ドリル **no.17**　class　　　no　　　name

問題 17.1 次の式の値を絶対値および根号を用いないで表せ。

(1) $|3-5|$ 　　　　　　　　(2) $\left|\sqrt{7}-3\right|+\left|2-\sqrt{7}\right|$

(3) $\sqrt{(-11)^2}$ 　　　　　　　(4) $\sqrt{(a-4)^2}$　$(a<4)$

問題 17.2 x が次の値のとき，$|x-1|-|x+2|$ の値を求めよ。

(1) $x=-1$ 　　　　(2) $x=0$ 　　　　(3) $x=2$

問題 17.3 次の方程式を解け。

(1) $|x+2|=5$ 　　　　　　(2) $|1-2x|=3$

問題 17.4 x が次の条件を満たすとき，$|x-1|+|x+3|$ を絶対値記号を用いないで表せ。

(1) $1\leqq x$ 　　　　(2) $-3\leqq x<1$ 　　　　(3) $x<-3$

チェック項目	月　日	月　日
絶対値の意味，$\sqrt{a^2}=|a|$ であることを理解している。		

18　複素数

複素数の計算（加法・減法・乗法）ができる。

複素数とその演算　$x^2 = -1$ の解の1つを i と書き，これを虚数単位という。すなわち $i = \sqrt{-1}$, $i^2 = -1$ と定める。a, b を実数として，$a + bi$ の形の数を複素数という。$b = 0$ のときは実数である。$b \neq 0$ のときを虚数という。複素数 $\alpha = a + bi$ に対して，a を複素数 α の実部，b を複素数 α の虚部という。(虚部には i は含めない)

複素数の計算（加法，減法，乗法）は，i を1つの文字のように扱い，今までの文字を含む計算と同じ方法で計算できる。ただし，i^2 が現れたときは -1 と置き換える。

例題 18.1　次の複素数の計算をせよ。

(1)　$(5 - 3i) + (8 + 6i)$ 　　　　　　(2)　$(7 + 2i) - (4 + 5i)$

(3)　$3(-2 + i) - 2(5 - 2i)$ 　　　　　(4)　$(5 + 2i)(3 + 4i)$

(5)　$\left(1 - \sqrt{3}\,i\right)^2$ 　　　　　　　　　　(6)　$i + i^2 + i^3$

解答

(1)　$(5 - 3i) + (8 + 6i) = (5 + 8) + (-3 + 6)i = 13 + 3i$

(2)　$(7 + 2i) - (4 + 5i) = 7 + 2i - 4 - 5i = 3 - 3i$

(3)　$3(-2 + i) - 2(5 - 2i) = -6 + 3i - 10 + 4i = -16 + 7i$

(4)　$(5 + 2i)(3 + 4i) = (5 \cdot 3 + 2i \cdot 4i) + (5 \cdot 4i + 2i \cdot 3)$
$$= (15 + 8i^2) + (20 + 6)i$$
$$= (15 - 8) + (20 + 6)i = 7 + 26i$$

(5)　$\left(1 - \sqrt{3}\,i\right)^2 = 1^2 - 2 \cdot 1 \cdot \sqrt{3}\,i + \left(\sqrt{3}\,i\right)^2 = 1 - 2\sqrt{3}\,i - 3 = -2 - 2\sqrt{3}\,i$

(6)　$i + i^2 + i^3 = i + (-1) + (-i) = -1$

例題 18.2　$\alpha = 1 + 2i$, $\beta = 1 - 2i$ とするとき，次のものを求めよ。

(1)　$\alpha + \beta$ 　　　　(2)　$\alpha \cdot \beta$ 　　　　(3)　$\alpha^2 + \beta^2$ 　　　　(4)　$\alpha^3 + \beta^3$

解答

(1)　$\alpha + \beta = (1 + 2i) + (1 - 2i) = 1 + 1 + 2i - 2i = 2$

(2)　$\alpha \cdot \beta = (1 + 2i)(1 - 2i) = 1^2 - (2i)^2 = 1 - 4i^2 = 1 - 4 \cdot (-1) = 5$

(3)　(1), (2) の結果を用いて
$$\alpha^2 + \beta^2 = (\alpha + \beta)^2 - 2\alpha \cdot \beta = 2^2 - 2 \cdot 5 = -6$$

(4)　(1), (2) の結果を用いて
$$\alpha^3 + \beta^3 = (\alpha + \beta)^3 - 3\alpha \cdot \beta \cdot (\alpha + \beta) = 2^3 - 3 \cdot 5 \cdot 2 = -22$$

ドリル **no.18**　　class　　　　no　　　　name

問題 18.1　次の複素数の計算をせよ。

(1)　$3(3+5i) - (7+14i)$

(2)　$4(-1+2i) + 2(4-i) - 3(2-5i)$

(3)　$\dfrac{1}{2}\left(\dfrac{1}{3} - \dfrac{2}{5}i\right) + \dfrac{2}{3}\left(\dfrac{3}{4} + \dfrac{1}{2}i\right)$

(4)　$(7+2i)(3+4i)$

(5)　$(1+\sqrt{3}\,i)(\sqrt{3}+i)$

(6)　$(1+\sqrt{2}\,i)(1-\sqrt{2}\,i)$

(7)　$(2-2i)^2$

(8)　$i^3 + i^4$

問題 18.2　$\alpha = \sqrt{2}+i,\ \beta = \sqrt{2}-i$ のとき，次のものを求めよ。

(1)　$\alpha + \beta$

(2)　$\alpha \cdot \beta$

(3)　$\alpha^2 + \beta^2$

(4)　$\alpha^3 + \beta^3$

チェック項目	月	日	月	日
複素数の計算（加法・減法・乗法）ができる。				

19 分母の実数化

分母にある複素数を実数化できる。

分母の実数化 複素数 $\alpha = a+bi$, $\beta = c+di$ ($\beta \neq 0$) に対して，商 α/β の分母の実数化は「分母の有理化」と似た方法で行う。すなわち 分母 $\beta = c+di$ の虚部の符号が違う $c-di$ を分母と分子にかけることによって行う。

$$\frac{\alpha}{\beta} = \frac{a+bi}{c+di} = \frac{(a+bi)(c-di)}{(c+di)(c-di)} = \frac{ac-adi+bci-bdi^2}{c^2+d^2} = \frac{ac+bd}{c^2+d^2} + \frac{bc-ad}{c^2+d^2}i$$

注意：複素数 $\alpha = a+bi$ の虚部の符号が違う複素数 $a-bi$ を α の共役複素数といい，$\overline{\alpha}$ で表す。

例題 19.1 次の複素数の計算をせよ。

(1) $\dfrac{3+2i}{4+3i}$ (2) $\dfrac{3+5i}{2-3i}$ (3) $\dfrac{\sqrt{2}i}{\sqrt{2}-i}$

(4) $i + \dfrac{1}{i}$ (5) $\dfrac{1-3i}{2i}$ (6) $\dfrac{1}{(1+i)^2}$

解答

(1) 分母 $4+3i$ の共役複素数 $\overline{4+3i} = 4-3i$ を分子分母にかけて

$$\frac{(3+2i)(4-3i)}{(4+3i)(4-3i)} = \frac{(12-6i^2)+(8-9)i}{4^2-3^2i^2} = \frac{18}{25} - \frac{1}{25}i$$

(2) 分母 $2-3i$ の共役複素数 $\overline{2-3i} = 2+3i$ を分子分母にかけて

$$\frac{(3+5i)(2+3i)}{(2-3i)(2+3i)} = \frac{(6+15i^2)+(10+9)i}{2^2-3^2i^2} = \frac{-9+19i}{13} = -\frac{9}{13} + \frac{19}{13}i$$

(3) 分母 $\sqrt{2}-i$ の共役複素数 $\overline{\sqrt{2}-i} = \sqrt{2}+i$ を分子分母にかけて

$$\frac{\sqrt{2}i\left(\sqrt{2}+i\right)}{\left(\sqrt{2}-i\right)\left(\sqrt{2}+i\right)} = \frac{2i+\sqrt{2}i^2}{2-i^2} = \frac{-\sqrt{2}+2i}{2+1} = \frac{-\sqrt{2}+2i}{3} = -\frac{\sqrt{2}}{3} + \frac{2}{3}i$$

(4) 分母分子に i をかけて

$$i + \frac{1}{i} = i + \frac{i}{i^2} = i + \frac{i}{-1} = i - i = 0$$

(5) 分母分子に i をかけて

$$\frac{1-3i}{2i} = \frac{(1-3i)i}{2i^2} = \frac{i-3(-1)}{2(-1)} = \frac{3+i}{-2} = -\frac{3}{2} - \frac{1}{2}i$$

(6) 分母を計算して

$$\frac{1}{1+2i+i^2} = \frac{1}{2i} = -\frac{1}{2}i$$

（別解） $\dfrac{1}{(1+i)^2} = \left(\dfrac{1}{1+i}\right)^2$ とみて，( ) 内で分母分子に $1-i$ をかけて

$$\frac{1}{(1+i)^2} = \left(\frac{1}{1+i}\right)^2 = \left\{\frac{1-i}{(1+i)(1-i)}\right\}^2 = \left(\frac{1-i}{2}\right)^2 = \frac{(1-i)^2}{4}$$

$$= \frac{1-2i+i^2}{4} = -\frac{1}{2}i$$

補足：複素数四則 (和・差・積・商 (除法)) の結果はまた複素数となる。これを「複素数は四則に関して閉じている」という。

ドリル no.19　　class　　　　no　　　　　name

問題 19.1 次の複素数の計算をせよ。

(1) $\dfrac{5-2i}{3+2i}$

(2) $\dfrac{2+3i}{7-i}$

(3) $\dfrac{6-5i}{-3i}$

(4) $\dfrac{1}{(3-i)^2}$

(5) $\dfrac{4-3i}{4+3i} - \dfrac{4+3i}{4-3i}$

(6) $i - \dfrac{1}{2i}$

(7) $\left(\dfrac{1+i}{1-i}\right)^2$

チェック項目	月　日	月　日
分母にある複素数を実数化できる。		

20　連立1次方程式

> 連立1次方程式を解くことができる。

連立方程式と解　2個以上の未知数を含む1次方程式の組を連立1次方程式といい，それらの方程式を同時に満たす未知数の値の組を連立1次方程式の解という。連立1次方程式の解を求めることを，その連立1次方程式を解くという。

消去法　与えられた個々の式を定数倍して式と式の和や差をとることにより，未知数を1つずつ消去していくことで解を求める方法を消去法という。

例題 20.1　次の連立1次方程式を解け。

$$\begin{cases} x + 2y - 2z = 1 & \cdots\cdots ① \\ 2x - y - 2z = 2 & \cdots\cdots ② \\ 2x - 2y - z = -1 & \cdots\cdots ③ \end{cases}$$

解答　消去法で解くと，たとえば次のようになる。
②－① と ③×2－① より z を消去すると，

$$\begin{cases} x - 3y = 1 & \cdots\cdots ④ \\ 3x - 6y = -3 & \cdots\cdots ⑤ \end{cases}$$

⑤－④×2 より y を消去すると $x = -5$ が得られる。これを ④ に代入すると $y = -2$ が得られ，x, y の値を ① に代入して $z = -5$ が得られる。よって，求める解は，$x = -5, y = -2, z = -5$ である。

例題 20.2　次の連立1次方程式を解け。

$$2x + 3y - 1 = x - 2y + 4 = -2x - y + 1$$

解答　これは $\begin{cases} 2x + 3y - 1 = x - 2y + 4 \\ x - 2y + 4 = -2x - y + 1 \end{cases}$ ということである。これを整理すると

$$\begin{cases} x + 5y = 5 & \cdots\cdots ① \\ 3x - y = -3 & \cdots\cdots ② \end{cases}$$

①×3－② より x を消去すると $16y = 18$ となるので，$y = \dfrac{9}{8}$ である。

①＋②×5 より y を消去すると $16x = -10$ となるので，$x = -\dfrac{5}{8}$ である。

$$\therefore \quad x = -\dfrac{5}{8}, \quad y = \dfrac{9}{8}$$

ドリル no.20　class　　　no　　　name

問題 20.1 次の連立1次方程式を解け。

(1) $\begin{cases} x - 2y + 2z = -2 \\ 2x - y + 2z = -2 \\ x + 2y - z = 2 \end{cases}$
(2) $\begin{cases} x + 2y - 3z = 1 \\ 2x - 3y - z = 1 \\ 3x - 2y - z = -1 \end{cases}$

問題 20.2 次の連立1次方程式を解け。

$$2x - 3y + 8 = x + 2y - 9 = 3x + 5y - 14$$

チェック項目	月　日	月　日
連立1次方程式を解くことができる。		

21 因数分解による2次方程式の解法

> 2次方程式を因数分解を使って解くことができる

2つの数 A, B に対して，

$$AB = 0 \quad \text{ならば} \quad A = 0 \text{ または } B = 0$$

が成り立つ。2次方程式 $ax^2 + bx + c = 0$ の左辺が因数分解できるときは，この性質を利用して解を求めることができる。

例題 21.1 次の2次方程式を因数分解を用いて解け。

(1) $x^2 + 11x + 24 = 0$ (2) $3x^2 - 10x - 8 = 0$

解答

(1) 与えられた2次方程式の左辺を因数分解すると $(x+3)(x+8) = 0$
   よって，$x + 3 = 0$ または $x + 8 = 0$
   ゆえに，$x = -3$ または $x = -8$
   したがって，解は $x = -3, -8$ である。

(2) 与えられた2次方程式の左辺を因数分解すると $(x-4)(3x+2) = 0$
   よって，$x - 4 = 0$ または $3x + 2 = 0$
   ゆえに，$x = 4$ または $x = -\dfrac{2}{3}$
   したがって，解は $x = 4, -\dfrac{2}{3}$ である。

例題 21.2 次の2次方程式を解け。

(1) $9x^2 + 4x = 0$ (2) $9x^2 - 4 = 0$
(3) $\dfrac{1}{6}x^2 + \dfrac{1}{2}x - 3 = 0$ (4) $2x^2 + 2 = 4x$

解答

(1) 左辺を因数分解すると $x(9x + 4) = 0$
   したがって，$x = 0, -\dfrac{4}{9}$

(2) 左辺を因数分解すると $(3x + 2)(3x - 2) = 0$
   したがって，$x = \pm\dfrac{2}{3}$

(3) 両辺に6をかけると $x^2 + 3x - 18 = 0$
   この式の左辺を因数分解すると $(x+6)(x-3) = 0$
   したがって，$x = -6, 3$

(4) $4x$ を左辺に移項して降べきの順に整理すると $2x^2 - 4x + 2 = 0$
   両辺を2で割ると $x^2 - 2x + 1 = 0$
   この式の左辺を因数分解すると $(x-1)^2 = 0$
   したがって，$x = 1$(2重解) である。

補足： $(x-1)^2 = 0$ は $(x-1)(x-1) = 0$ を意味するので，$x - 1 = 0$ または $x - 1 = 0$ となり，同じ解が2つ現れる。このようなときは，2つの解が重なったものと考えて2重解であるという。

ドリル **no.21**　　class　　　　no　　　　name

問題 21.1　次の2次方程式を因数分解を用いて解け。

(1)　$x^2 - 13x + 36 = 0$　　　　　　　(2)　$x^2 + 7x - 60 = 0$

(3)　$2x^2 + 9x - 18 = 0$　　　　　　　(4)　$4x^2 - 4x + 1 = 0$

問題 21.2　次の2次方程式を解け。

(1)　$4x^2 + 3x = 0$　　　　　　　　(2)　$x = 9x^2$

問題 21.3　次の2次方程式を解け。

(1)　$\dfrac{1}{3}x^2 - \dfrac{2}{3}x - 5 = 0$　　　　　　(2)　$x^2 - 121 = 0$

(3)　$\dfrac{x^2 + 9}{2} = 3x$　　　　　　　(4)　$2x^2 + 4x - 6 = 0$

チェック項目	月　日	月　日
2次方程式を因数分解を使って解くことができる。		

22 解の公式による2次方程式の解法

> 2次方程式を解の公式を使って解くことができる。

2次方程式の解の公式 2次方程式 $ax^2+bx+c=0$ ($a \neq 0$) の解は，
$$x = \frac{-b \pm \sqrt{b^2-4ac}}{2a}$$

補足： $i^2=-1$ となる数 i を虚数単位という。$k>0$ のとき $\sqrt{-k}$ は $\sqrt{k}\,i$ を意味する。例えば，$\sqrt{-23} = \sqrt{23}\,i$ である。

例題 22.1 次の2次方程式を解の公式を用いて解け。

(1) $3x^2-10x-8=0$ (2) $4x^2+12x+9=0$ (3) $2x^2-3x+4=0$

解答

(1) これは，例題 21.1(2) と同じ問題である。解の公式を利用して解くと，

$$\begin{aligned}
x &= \frac{-(-10) \pm \sqrt{(-10)^2 - 4 \cdot 3 \cdot (-8)}}{2 \cdot 3} \\
&= \frac{10 \pm \sqrt{100+96}}{6} \\
&= \frac{10 \pm 14}{6} \\
&= \frac{24}{6},\ \frac{-4}{6} = 4,\ -\frac{2}{3}
\end{aligned}$$

(2) $x = \dfrac{-12 \pm \sqrt{12^2-4\cdot 4 \cdot 9}}{2 \cdot 4} = \dfrac{-12 \pm \sqrt{144-144}}{8} = \dfrac{-12}{8} = -\dfrac{3}{2}$ （2重解）

(3) $x = \dfrac{-(-3) \pm \sqrt{(-3)^2-4\cdot 2 \cdot 4}}{2 \cdot 2} = \dfrac{3 \pm \sqrt{9-32}}{4} = \dfrac{3 \pm \sqrt{-23}}{4} = \dfrac{3 \pm \sqrt{23}\,i}{4}$

例題 22.2 2次方程式 $-\dfrac{1}{3}x^2 + 2x - \dfrac{1}{2} = 0$ を解け。

解答 両辺に -6 をかけて分母を払うと

$$2x^2 - 12x + 3 = 0$$

である。解の公式より

$$x = \frac{-(-12) \pm \sqrt{(-12)^2 - 4 \cdot 2 \cdot 3}}{2 \cdot 2} = \frac{12 \pm \sqrt{120}}{4} = \frac{12 \pm 2\sqrt{30}}{4} = \frac{6 \pm \sqrt{30}}{2}$$

ドリル **no.22**　　class　　　　no　　　　name

問題 22.1 次の2次方程式を解の公式を用いて解け。

(1) $x^2 - 2x - 3 = 0$

(2) $x^2 + 5x + 3 = 0$

(3) $x^2 + 2x - 8 = 0$

(4) $x^2 - 4x + 2 = 0$

(5) $2x^2 + 5x - 12 = 0$

(6) $3x^2 - 2x + 1 = 0$

問題 22.2 次の2次方程式を解の公式を用いて解け。

(1) $3x^2 + \dfrac{7}{2}x - \dfrac{3}{2} = 0$

(2) $\dfrac{1}{2}x^2 - \sqrt{2}x + 1 = 0$

(3) $-x^2 + \dfrac{1}{3}x + \dfrac{1}{3} = 0$

(4) $\dfrac{1}{2}x^2 + \dfrac{1}{3}x + 1 = 0$

チェック項目	月　日	月　日
2次方程式を解の公式を使って解くことができる。		

23　2次方程式の判別式

2次方程式の解を判別式を用いて判別できる。

2次方程式の判別式　2次方程式 $ax^2+bx+c=0$ において，$D=b^2-4ac$ をこの2次方程式の判別式という。判別式 D の符号で解の種類を判別することができる。

[1]　$D>0$ のとき，異なる2つの実数解をもつ。

[2]　$D=0$ のとき，2重解をもつ。

[3]　$D<0$ のとき，異なる2つの虚数解をもつ。

例題 23.1　次の2次方程式の解を判別せよ。

(1)　$x^2-6x+3=0$ 　　(2)　$-2x^2+6x-\dfrac{9}{2}=0$

(3)　$3x^2+\sqrt{6}x+5=0$

解答

(1)　$a=1, b=-6, c=3$ より，$D=(-6)^2-4\cdot 1\cdot 3=36-12=24>0$ となる。よって，異なる2つの実数解をもつ。

(2)　与えられた方程式の両辺に -2 をかけると $4x^2-12x+9=0$
この方程式の判別式を計算すると $D=(-12)^2-4\cdot 4\cdot 9=144-144=0$ となる。
よって，この方程式は2重解をもつ。したがって，与えられた方程式も2重解をもつ。

(3)　$D=\left(\sqrt{6}\right)^2-4\cdot 3\cdot 5=6-60=-54<0$ となる。よって，異なる2つの虚数解をもつ。

例題 23.2　2次方程式 $x^2+(5-m)x-2m+7=0$ が2重解をもつように m の値を定め，そのときの解を求めよ。

解答　2重解をもつためには，$D=0$ となればよい。すなわち，

$$D=(5-m)^2-4\cdot 1\cdot(-2m+7)=0$$

をみたせばよい。この m に関する2次方程式を解くと，

$$\begin{aligned}
25-10m+m^2+8m-28 &= 0 \\
m^2-2m-3 &= 0 \\
(m+1)(m-3) &= 0 \\
m &= -1, 3
\end{aligned}$$

よって，m の値は -1 または 3 である。このとき，

(1)　$m=-1$ の場合，
$x^2+6x+9=0$ より，$(x+3)^2=0$ から $x=-3$ (2重解)

(2)　$m=3$ の場合，
$x^2+2x+1=0$ より，$(x+1)^2=0$ から $x=-1$ (2重解)

以上から，$m=-1$ のとき2重解は $x=-3$，$m=3$ のとき2重解は $x=-1$ である。

ドリル **no.23**　class　　no　　name

問題 23.1　次の 2 次方程式の解を判別せよ。

(1)　$x^2 + 6x + 4 = 0$　　　(2)　$x^2 + 6x + 9 = 0$　　　(3)　$x^2 + 6x + 11 = 0$

(4)　$x^2 + 3x - 6 = 0$　　　(5)　$\dfrac{1}{2}x^2 - 5x + 13 = 0$　　　(6)　$-x^2 + 2\sqrt{3}x - 3 = 0$

問題 23.2　2 次方程式 $x^2 - 4mx + 3m + 1 = 0$ が 2 重解をもつように m の値を定め，そのときの解を求めよ。

チェック項目	月　日	月　日
2 次方程式の解を判別式を用いて判別できる。		

24 解と係数の関係

2次方程式について解と係数の関係を理解している。

解と係数の関係　2次方程式 $ax^2+bx+c=0$ の2つの解を α, β とすると，解と係数の間に次の関係式が成り立つ。

$$\alpha+\beta = -\frac{b}{a}, \qquad \alpha\beta = \frac{c}{a}$$

例題 24.1　2次方程式 $2x^2-4x+3=0$ の2つの解を α, β とするとき，次の値を求めよ。

(1) $\dfrac{\alpha}{\beta}+\dfrac{\beta}{\alpha}$ 　　　　　　　　　(2) $\alpha^3+\beta^3$

解答　解と係数の関係より $\alpha+\beta = -\dfrac{-4}{2}=2$, $\alpha\beta=\dfrac{3}{2}$ が得られる。

(1) $\dfrac{\alpha}{\beta}+\dfrac{\beta}{\alpha} = \dfrac{\alpha^2+\beta^2}{\alpha\beta} = \dfrac{(\alpha+\beta)^2-2\alpha\beta}{\alpha\beta} = \dfrac{2^2-2\cdot\dfrac{3}{2}}{\dfrac{3}{2}} = \dfrac{2}{3}$

(2) $(\alpha+\beta)^3$ を展開して，次のように変形する。
$$\begin{aligned}(\alpha+\beta)^3 &= \alpha^3+3\alpha^2\beta+3\alpha\beta^2+\beta^3 \\ &= \alpha^3+3\alpha\beta(\alpha+\beta)+\beta^3 \\ &= \alpha^3+\beta^3+3\alpha\beta(\alpha+\beta)\end{aligned}$$

よって
$$\begin{aligned}\alpha^3+\beta^3 &= (\alpha+\beta)^3-3\alpha\beta(\alpha+\beta) \\ &= 2^3-3\cdot\dfrac{3}{2}\cdot 2 \\ &= 8-9 = -1\end{aligned}$$

例題 24.2　2次方程式 $x^2-9x+k=0$ の1つの解が他の解の2倍であるとき，k の値を求めよ。

解答　1つの解が他の解の2倍だから，この方程式の2つの解は $\alpha, 2\alpha$ とおける。

解と係数の関係より，
$$\alpha+2\alpha = -\frac{-9}{1}=9, \qquad \alpha\cdot 2\alpha = \frac{k}{1}=k$$

だから，第1の方程式から $3\alpha=9$ すなわち $\alpha=3$ が得られる。

これを第2の方程式に代入して
$$k=2\alpha^2=2\cdot 3^2=18$$

ドリル no.24　　class　　　no　　　name

問題 24.1　2次方程式 $x^2 - 3x + 4 = 0$ の2つの解を α, β とするとき，次の値を求めよ。

(1)　$\alpha + \beta$

(2)　$\alpha\beta$

(3)　$\alpha^2 + \beta^2$

(4)　$\dfrac{\beta}{\alpha} + \dfrac{\alpha}{\beta}$

問題 24.2　2次方程式 $3x^2 - 2x + 1 = 0$ の2つの解を α, β とするとき，$\alpha^3 + \beta^3$ の値を求めよ。

問題 24.3　2次方程式 $x^2 + 7x + k = 0$ の1つの解が他の解より3だけ大きいとき，k の値を求めよ。

チェック項目	月　日	月　日
2次方程式について解と係数の関係を理解している。		

25　2次方程式の立式

与えられた解を持つ2次方程式を作ることができる。

解と方程式　α, β を解とする2次方程式は
$$(x-\alpha)(x-\beta) = 0 \quad \text{すなわち} \quad x^2 - (\alpha+\beta)x + \alpha\beta = 0$$

解と因数分解　2次方程式 $ax^2+bx+c=0$ の解が $x=\alpha, x=\beta$ ならば，2次式 ax^2+bx+c は次のように因数分解できる。
$$ax^2 + bx + c = a(x-\alpha)(x-\beta)$$

例題 25.1　2つの数 $3-\sqrt{2}, 3+\sqrt{2}$ を解とする2次方程式を1つ作れ。

解答　$\alpha = 3-\sqrt{2}, \beta = 3+\sqrt{2}$ とすると，
$$\alpha + \beta = (3-\sqrt{2}) + (3+\sqrt{2}) = 6, \quad \alpha\beta = (3-\sqrt{2})(3+\sqrt{2}) = 9-2 = 7$$

となるから，求める方程式は
$$x^2 - 6x + 7 = 0$$

例題 25.2　和が 2，積が -2 である2数を求めよ。

解答　2つの数を α, β とすると，$\alpha+\beta=2, \alpha\beta=-2$ である。このような2数 α, β は，2次方程式 $x^2 - 2x - 2 = 0$ の解である。この方程式を解くと，
$$x = \frac{-(-2) \pm \sqrt{(-2)^2 - 4\cdot(-2)}}{2} = \frac{2 \pm \sqrt{4+8}}{2} = \frac{2 \pm 2\sqrt{3}}{2} = 1 \pm \sqrt{3}$$

したがって，2つの数は，$1+\sqrt{3}$ と $1-\sqrt{3}$ である。

別解　求める2つの数を x, y とすると，条件から $x+y=2, xy=-2$ となるから，$x+y=2$ を $y=2-x$ として $xy=-2$ に代入すると，
$$x(2-x) = -2 \implies 2x - x^2 + 2 = 0 \implies x^2 - 2x - 2 = 0$$

となる。あとは解の公式を用いて x の値を求めればよい。

例題 25.3　次の2次式を因数分解せよ。

(1)　$6x^2 + 7x - 24$ 　　　　　　　　　(2)　$2x^2 + 2x - 1$

解答　2次方程式の解の公式を用いる。

(1) $6x^2 + 7x - 24 = 0$ の解は $x = \dfrac{-7 \pm \sqrt{7^2 - 4\cdot 6 \cdot (-24)}}{2\cdot 6} = \dfrac{3}{2}, -\dfrac{8}{3}$ であるから
$$6x^2 + 7x - 24 = 6\left(x - \frac{3}{2}\right)\left(x + \frac{8}{3}\right) = (2x-3)(3x+8)$$

(2) $2x^2 + 2x - 1 = 0$ の解は $x = \dfrac{-2 \pm \sqrt{2^2 - 4\cdot 2 \cdot (-1)}}{2\cdot 2} = \dfrac{-1 \pm \sqrt{3}}{2}$ であるから
$$2x^2 + 2x - 1 = 2\left(x - \frac{-1+\sqrt{3}}{2}\right)\left(x - \frac{-1-\sqrt{3}}{2}\right)$$

ドリル no.25　　class　　　no　　　name

問題 25.1　次の 2 数を解にもつような 2 次方程式を作れ。

(1)　2, 3

(2)　0, -2

(3)　$1 \pm \sqrt{2}$

(4)　$5 \pm \sqrt{3}i$

問題 25.2　次の条件を満たす 2 数 α, β を求めよ。

(1)　$\alpha + \beta = 1,\ \alpha\beta = -12$

(2)　$\alpha + \beta = -6,\ \alpha\beta = 2$

問題 25.3　次の 2 次式を因数分解せよ。

(1)　$6x^2 + 7x - 3$

(2)　$3x^2 - 2x - 2$

チェック項目	月 日	月 日
与えられた解を持つ 2 次方程式を作ることができる。		

26　恒等式と未定係数法

> 係数比較法や数値代入法を使って問題を解くことができる。

恒等式と方程式　含まれている文字がどんな値でも成り立つ等式を恒等式，特別な値のときに限って成り立つ等式を方程式という。

未定係数法　$P(x)$ を多項式とするとき，等式 $P(x)=0$ が恒等式になるのは係数がすべて 0 のときに限る。

例題 26.1　次の等式を恒等式と方程式に分けよ。

(1)　$(a+b)^2 = a^2 + 2ab + b^2$ 　　　　(2)　$x^2 - x - 2 = 0$

解答

(1) 左辺を展開して整理すると右辺と同じになるのでは恒等式である。

(2) $x^2 - x - 2 = 0$ は $x = -1, x = 2$ のときだけ成り立つから方程式である。

例題 26.2　次の等式が文字 x の恒等式となるように，定数 a, b, c の値を定めよ。

$$a(x-1)^2 + b(x-1) + c = x^2 - 4x$$

解答　左辺を整理して，

$$ax^2 + (-2a+b)x + (a-b+c) = x^2 - 4x$$

右辺の同じ次数の項の係数と比較して，

$$\begin{cases} a = 1 \\ -2a + b = -4 \\ a - b + c = 0 \end{cases}$$

これを解いて $a = 1, b = -2, c = -3$ が得られる。

例題 26.3　次の等式が文字 x の恒等式となるように，定数 a, b の値を定めよ。(部分分数分解)

$$\frac{x+5}{(x+2)(x-1)} = \frac{a}{x+2} + \frac{b}{x-1}$$

解答（係数比較法）右辺を通分すると両辺とも分母は同じとなるので，

$$右辺 = \frac{a(x-1) + b(x+2)}{(x+2)(x-1)} = \frac{(a+b)x + (-a+2b)}{(x+2)(x-1)}$$

より，分子の係数を比較して，

$$\begin{cases} a + b = 1 \\ -a + 2b = 5 \end{cases}$$

この連立方程式を解くと答えは，$a = -1, \ b = 2$ が得られる。

別解（数値代入法）　上記式の第 1 項と第 2 項より $x + 5 = a(x-1) + b(x+2)$

これが任意の x の値に対して成り立つから

　　$x = 1$ とすると　$6 = 3b$　　より　　$b = 2$

　　$x = -2$ とすると　$3 = -3a$　　より　　$a = -1$

ドリル **no.26**　class　　　no　　　name

問題 26.1　次の等式を恒等式と方程式に分けよ。

(1)　$(x+y)(x^2-y^2) = x^2(x+y) - y^2(x+y)$

(2)　$a^3 - 3a^2b + 3ab^2 - b^3 = 0$

問題 26.2　次の等式が文字 x の恒等式となるように，定数 a, b, c の値を定めよ。

(1)　$ax(x+3) + b(2x+5) + c = 3x^2 + 3x + 4a$

(2)　$\dfrac{x+4}{(x+1)(2x-1)} = \dfrac{a}{x+1} + \dfrac{b}{2x-1}$

(3)　$x^3 - 3x^2 + 6x - 6 = (x-1)^3 + a(x-1)^2 + b(x-1) + c$

チェック項目	月　日	月　日
係数比較法や数値代入法を使って問題を解くことができる。		

27 剰余の定理と因数定理

剰余の定理・因数定理を理解している。

剰余の定理 整式 $P(x)$ を $x-\alpha$ で割ったときの余りは $P(\alpha)$ に等しい。

因数定理 $P(\alpha)=0$ ならば，$P(x)$ は $x-\alpha$ で割り切れる。つまり $P(x)$ は $x-\alpha$ を因数にもつ。

例題 27.1 整式 $P(x)=x^3-2x^2+3$ を次の1次式で割ったときの余りを求めよ。

(1)　$x-1$　　　　　　　　　　　(2)　$x+2$

解答

(1) $P(1)=1-2+3=2$

(2) $P(-2)=-8-8+3=-13$

例題 27.2 次の1次式のうち，整式 $P(x)=x^3+2x^2-5x-6$ の因数となっているものを選べ。

(1)　$x-1$　　　　　(2)　$x-2$　　　　　(3)　$x+3$

解答

(1) $P(1)=1+2-5-6=-8\neq 0$，よって $x-1$ は $P(x)$ の因数ではない。

(2) $P(2)=8+8-10-6=0$，よって $x-2$ は $P(x)$ の因数である。

(3) $P(-3)=-27+18+15-6=0$，よって $x+3$ は $P(x)$ の因数である。

例題 27.3 整式 $P(x)=x^3-2x^2-ax+3$ が $x-3$ で割り切れるように，定数 a の値を定めよ。

解答 $P(x)$ が $x-3$ で割り切れるための条件は $P(3)=0$ である。

$$P(3)=27-18-3a+3=12-3a=0 \quad \therefore \quad a=4$$

例題 27.4 整式 $P(x)=ax^3+bx^2-8x-7$ が $x+1$ で割り切れ，$x-2$ で割ったときの余りが -3 となるように，定数 a, b の値を定めよ。

解答 条件から

$$P(-1)=-a+b+8-7=0 \quad \therefore \quad a-b=1$$
$$P(2)=8a+4b-16-7=-3 \quad \therefore \quad 2a+b=5$$

これを解いて $a=2, b=1$ が得られる。

ドリル **no.27**　class　　　no　　　name

問題 27.1　整式 $P(x) = x^3 - 7x + 6$ を次の式で割ったときの余りを求めよ。

(1)　$x+1$　　　　(2)　$x-1$　　　　(3)　$x+2$　　　　(4)　$x+3$

問題 27.2　次の1次式のうち，整式 $P(x) = 2x^3 + 2x^2 - 16x - 24$ の因数となっているものを選べ。

(1)　$x+2$　　　　　　(2)　$x-1$　　　　　　(3)　$x-3$

問題 27.3　整式 $P(x) = x^3 + 2x^2 + a$ を $x+1$ で割ったときの余りが 2 であるように，定数 a の値を定めよ。

問題 27.4　整式 $P(x) = x^3 - 3x^2 + 4x + a$ が $x-2$ で割り切れるように，定数 a の値を定めよ。

問題 27.5　整式 $P(x) = x^3 + ax + b$ が $x-1$ で割り切れ，かつ $x-2$ でも割り切れるように，定数 a, b の値を定めよ。

チェック項目	月　日	月　日
剰余の定理・因数定理を理解している。		

28　因数定理による因数分解

> 因数定理を用いて因数分解ができる。

因数定理による因数分解　因数定理を用いて整式 $P(x)$ を因数分解するとき，次の手順による。

[1]　$P(\alpha) = 0$ となる α を探す。(このとき $P(x)$ は $x - \alpha$ で割り切れる。)

[2]　$P(x)$ を $x - \alpha$ で割ったときの商 $Q(x)$ を求めれば，次の式が得られる。
$$P(x) = (x - \alpha)Q(x)$$

[3]　整式 $Q(x)$ について同じ手順を繰り返す。

例題 28.1　次の3次式を因数分解せよ。

(1)　$x^3 - 7x - 6$　　　　　　　　　(2)　$x^3 + x^2 - 8x - 12$

解答

(1)　$P(x) = x^3 - 7x - 6$ とおくと，$P(-1) = -1 + 7 - 6 = 0$ であるから因数定理により，$P(x)$ は $x + 1$ で割り切れる。割り算を行うと
$$P(x) = (x+1)(x^2 - x - 6) = (x+1)(x+2)(x-3)$$

(2)　$P(x) = x^3 + x^2 - 8x - 12$ とおくと，$P(-2) = -8 + 4 + 16 - 12 = 0$ であるから因数定理により，$P(x)$ は $x + 2$ で割り切れる。割り算を行うと
$$P(x) = (x+2)(x^2 - x - 6) = (x+2)^2(x-3)$$

例題 28.2　4次方程式 $x^4 + 4x^3 + 3x^2 - 2x - 2 = 0$ を解け。

解答　$P(x) = x^4 + 4x^3 + 3x^2 - 2x - 2$ とおくと，$P(-1) = 1 - 4 + 3 + 2 - 2 = 0$ であるから，因数定理により $P(x)$ は $x + 1$ で割り切れる。割り算を行うと
$$P(x) = (x+1)(x^3 + 3x^2 - 2)$$

次に $Q(x) = x^3 + 3x^2 - 2$ とおく。$Q(-1) = 0$ であるから因数定理により，$Q(x)$ は $x + 1$ で割り切れる。割り算を行うと
$$x^3 + 3x^2 - 2 = (x+1)(x^2 + 2x - 2)$$

したがって与えられた方程式は
$$(x+1)^2(x^2 + 2x - 2) = 0$$

となる。最後の因数が 0 となる値を求めるために解の公式を用いれば，求める解は
$$x = -1 \text{ (2重解)},\ x = -1 \pm \sqrt{3}$$

ドリル no.28　class　　no　　name

問題 28.1 次の3次式を因数分解せよ。

(1) $x^3 + x^2 - 10x + 8$

(2) $x^3 + 4x^2 - 3x - 18$

問題 28.2 次の4次方程式を解け。
$x^4 - 2x^3 - 7x^2 + 8x + 12 = 0$

チェック項目	月 日	月 日
因数定理を用いて因数分解ができる。		

29　1次不等式

1次不等式を解くことができる。

不等式の性質

[1]　　$A < B$　ならば　任意の実数 C に対して　$A + C < B + C$

[2]　　$A < B$　ならば　$C > 0$ に対しては　$AC < BC$

　　　　　　　　　　　$C < 0$ に対しては　$AC > BC$

1次不等式の解法　移項して整理すると $ax + b > 0$ または $ax + b < 0$ となる不等式を x の1次不等式という。不等式を成立させる x の範囲をその不等式の解といい，解を求めることを不等式を解くという。1次不等式は1次方程式と同じように，不等式の性質を用いて，移項や両辺の定数倍によって解くことができる。

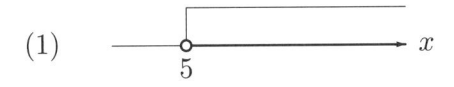

例題 29.1　次の不等式が満たす範囲を，数直線上に図示せよ。

(1)　$x > -2$ 　　　　　　　　　　(2)　$x \leqq 3$

解答　範囲を太線で示す。端点を含まない (等号が無い場合) は白丸，端点を含む場合 (等号がある場合) は黒丸で区別する。

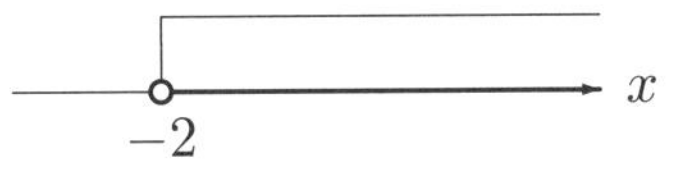

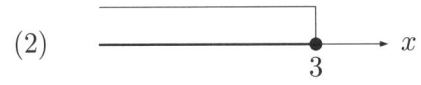

例題 29.2　次の1次不等式を解け。

(1)　$2x + 3 < 4x - 7$ 　　　　　　(2)　$\dfrac{1}{3}x - \dfrac{1}{5} \leqq \dfrac{2-x}{10}$

解答

(1) 移項して $-2x < -10$ が得られる。この両辺を -2 で割れば $x > 5$ となる。

(2) 両辺に 30 をかけて $10x - 6 \leqq 6 - 3x$，移項することにより $13x \leqq 12$ が得られる。この両辺を 13 で割れば $x \leqq \dfrac{12}{13}$ となる。

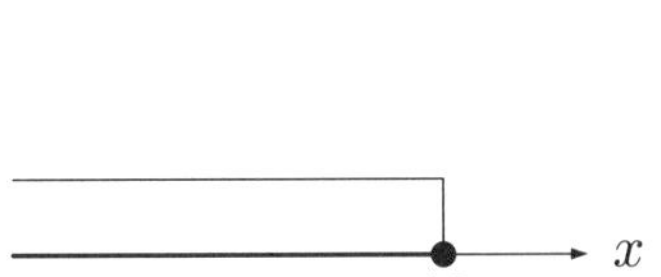

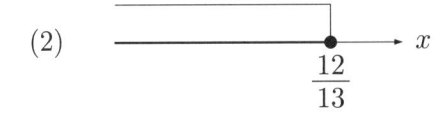

ドリル no.29　　class　　　no　　　name

問題 29.1 次の不等式が満たす範囲を，数直線上に図示せよ。

(1) $-\dfrac{2}{5} > x$

(2) $x - 3 \geqq 5$

問題 29.2 次の1次不等式を解いて，解を数直線上に図示せよ。

(1) $3x - 4 < 5(x - 2)$

(2) $3x - 2 > 6(x - 1) + 1$

(3) $\dfrac{1}{3}x - \dfrac{1}{6} \leqq \dfrac{1}{4}x + 2$

(4) $\dfrac{x - 1}{2} \leqq 1 - \dfrac{3 - 2x}{5}$

(5) $-4x + \dfrac{2x - 1}{5} > \dfrac{2 - 6x}{3} - 3$

(6) $3 - \dfrac{x + 1}{2} > -\dfrac{4x - 5}{6} + \dfrac{2x - 1}{3}$

チェック項目　　　　　　　　　　　月　日　月　日

1次不等式を解くことができる。

30　2次不等式

> 表を用いて，2次不等式を解くことができる。

2次不等式の解法　$ax^2+bx+c=0$ $(a>0)$ が異なる2つの実数解 α, β $(\alpha<\beta)$ を持つとき，$ax^2+bx+c=a(x-\alpha)(x-\beta)$ の符号は下の表のようになる。

x	$\cdots$	α	$\cdots$	β	$\cdots$
$x-\alpha$	$-$	0	$+$	$+$	$+$
$x-\beta$	$-$	$-$	$-$	0	$+$
$(x-\alpha)(x-\beta)$	$+$	0	$-$	0	$+$

したがって $a>0$ のとき，

[1]　　$ax^2+bx+c>0$ の解は　$x<\alpha,\ x>\beta$

[2]　　$ax^2+bx+c<0$ の解は　$\alpha<x<\beta$

例題 30.1　次の2次不等式を解け。

(1)　$x^2-x-6>0$ 　　　　(2)　$-x^2+x+6>0$

(3)　$x^2-2\leqq 0$

解答

(1) 2次方程式 $x^2-x-6=0$ は2つの実数解 $x=-2, x=3$ をもつ。$x^2-x-6=(x+2)(x-3)$ であるから，符号の変化は下の表のようになる。

x	$\cdots$	-2	$\cdots$	3	$\cdots$
$x+2$	$-$	0	$+$	$+$	$+$
$x-3$	$-$	$-$	$-$	0	$+$
$(x+2)(x-3)$	$+$	0	$-$	0	$+$

ゆえに，$x^2-x-6>0$ の解は $x<-2, x>3$ である。

(2) 両辺に -1 をかけて，$x^2-x-6<0$ にする。$(x+2)(x-3)<0$ であるから，上の表がそのまま利用でき，求める解は $-2<x<3$ である。

(3) 2次方程式 $x^2-2=0$ の解は $x=\pm\sqrt{2}$ であるから，$x^2-2=(x+\sqrt{2})(x-\sqrt{2})$ と因数分解される。そこで下のような表を作る。

x	$\cdots$	$-\sqrt{2}$	$\cdots$	$\sqrt{2}$	$\cdots$
$x+\sqrt{2}$	$-$	0	$+$	$+$	$+$
$x-\sqrt{2}$	$-$	$-$	$-$	0	$+$
$(x+\sqrt{2})(x-\sqrt{2})$	$+$	0	$-$	0	$+$

ゆえに，$x^2-2\leqq 0$ の解は $-\sqrt{2}\leqq x\leqq \sqrt{2}$ である。

ドリル **no.30**　class　　　no　　　name

問題 30.1　次の2次不等式を解け。

(1)　$x^2 - 4x - 12 > 0$

(2)　$x^2 - 3x < 0$

(3)　$3x^2 < 5x + 2$

(4)　$4x \geqq 5 - x^2$

(5)　$6x^2 - 5x + 1 \leqq 0$

(6)　$x^2 - 2x - 1 > 0$

チェック項目	月　日	月　日
表を用いて，2次不等式を解くことができる。		

31 3次不等式

> 3次不等式を解くことができる。

3次不等式の解法 3次不等式 $P(x) > 0$ または $P(x) < 0$ が与えられた場合，因数定理などを使って $P(x)$ を2次以下の実数係数の整式の積に因数分解し，各因数の符号を調べて解く。以下，a は正の数で，α, β, γ は実数とする。

[1] $P(x) = a(x-\alpha)(x-\beta)(x-\gamma)$ と因数分解される場合

$\alpha < \beta < \gamma$ とすれば，$P(x)$ の符号は下の表のようになる。

x	$\cdots$	α	$\cdots$	β	$\cdots$	γ	$\cdots$
$x-\alpha$	$-$	0	$+$	$+$	$+$	$+$	$+$
$x-\beta$	$-$	$-$	$-$	0	$+$	$+$	$+$
$x-\gamma$	$-$	$-$	$-$	$-$	$-$	0	$+$
$(x-\alpha)(x-\beta)(x-\gamma)$	$-$	0	$+$	0	$-$	0	$+$

ゆえに，$P(x) > 0$ の解は $\alpha < x < \beta, \; x > \gamma$ で $P(x) < 0$ の解は $x < \alpha, \; \beta < x < \gamma$

[2] $P(x) = a(x-\alpha)^2(x-\beta)$ と因数分解される場合

$(x-\alpha)^2 \geqq 0$ であるから，$P(x)$ と $(x-\beta)$ の符号が同じであることを利用する。

[3] $P(x) = a(x-\alpha)^3$ と因数分解される場合

$(x-\alpha)^3$ と $(x-\alpha)$ の符号が同じであることを利用する。

[4] $P(x) = a(x-\alpha)(x^2+px+q)$ （x^2+px+q は実数の範囲では因数分解できない2次式）と因数分解される場合

常に，$x^2+px+q > 0$ であることを利用する。

例題 31.1 次の3次不等式を解け。

(1) $x^3 - 4x^2 + x + 6 > 0$ 　　　　　　(2) $x^3 - 4x^2 + x + 6 \leqq 0$

解答 $P(x) = x^3 - 4x^2 + x + 6$ とおくと，$P(-1) = 0$ であるから $P(x)$ は $x+1$ で割り切れ，$P(x) = (x+1)(x^2 - 5x + 6) = (x+1)(x-2)(x-3)$ と因数分解される。そこで，[1] のような表を作る。

x	$\cdots$	-1	$\cdots$	2	$\cdots$	3	$\cdots$
$x+1$	$-$	0	$+$	$+$	$+$	$+$	$+$
$x-2$	$-$	$-$	$-$	0	$+$	$+$	$+$
$x-3$	$-$	$-$	$-$	$-$	$-$	0	$+$
$(x+1)(x-2)(x-3)$	$-$	0	$+$	0	$-$	0	$+$

ゆえに，(1) の解は $-1 < x < 2, \; x > 3$ であり，(2) の解は $x \leqq -1, \; 2 \leqq x \leqq 3$ である。

例題 31.2 3次不等式 $x^3 - 2x^2 - 4x + 8 < 0$ を解け。

解答 $P(x) = x^3 - 2x^2 - 4x + 8$ とおくと，$P(2) = 0$ であるから $P(x)$ は $x-2$ で割り切れ，$P(x) = (x-2)(x^2-4) = (x-2)^2(x+2)$ と因数分解される。$(x-2)^2 \geqq 0$ であるから，求める解は $x < -2$ である。

ドリル **no.31**　　class　　　　no　　　　　name

問題 31.1　次の不等式を解け。

(1) $x(x+2)(x-1) > 0$

(2) $x^3 + 2x^2 - 5x - 6 < 0$

(3) $x^3 - 3x^2 - 4x + 12 \geqq 0$

(4) $2x^3 - 9x^2 + 10x - 3 < 0$

チェック項目　　　　　　　　　　　　　　　　　　　月　日　月　日

3次不等式を解くことができる。

32　連立不等式

> 連立不等式を解くことができる。

連立不等式の解法
連立不等式を解くには，それぞれの不等式の解を求め，それらに共通な範囲を求めればよい。

例題 32.1　連立不等式 $\begin{cases} 3x-5 < x-1 & \cdots ① \\ x^2 - 3x \leqq 0 & \cdots ② \end{cases}$ を解け。

解答　① の解は $x < 2$　$\cdots ③$ である。② の解は，$x(x-3) \leqq 0$ より $0 \leqq x \leqq 3$　$\cdots ④$ である。
③ と ④ を数直線上に図示すると次のようになる。

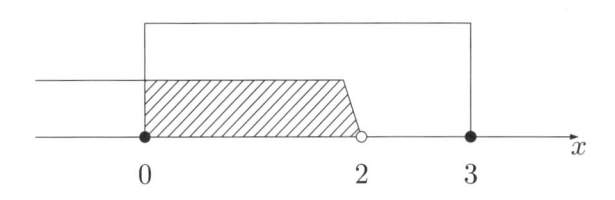

したがって，③ と ④ の共通部分をとり，求める解は $0 \leqq x < 2$ となる。

例題 32.2　連立不等式 $\begin{cases} 3x^2 + 5x \geqq 2 & \cdots ① \\ (2x+1)(x-3) < x(x-2)+1 & \cdots ② \end{cases}$ を解け。

解答　① の解を求める。移項して $3x^2 + 5x - 2 \geqq 0$
因数分解して $(3x-1)(x+2) \geqq 0$
ゆえに ① の解は $x \leqq -2, x \geqq \frac{1}{3}$　$\cdots ③$ である。
次に ② の解を求める。展開して移項し，整理すると $x^2 - 3x - 4 < 0$
因数分解して $(x-4)(x+1) < 0$
ゆえに ② の解は $-1 < x < 4$　$\cdots ④$ である。
③ と ④ を数直線上に図示すると次のようになる。

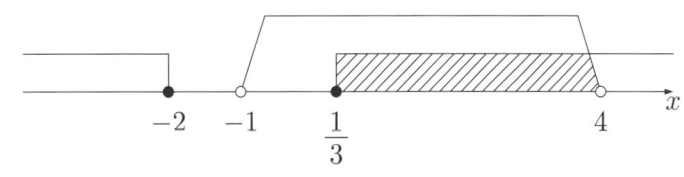

したがって，③ と ④ の共通部分をとり，求める解は $\frac{1}{3} \leqq x < 4$ となる。

ドリル **no.32**　　class　　　　no　　　　name

問題 32.1　次の連立不等式を解け。

(1) $\begin{cases} 3x - 2 > x + 4 \\ x^2 - 7x + 10 \leq 0 \end{cases}$

(2) $\begin{cases} 2x + 7 > 4 - x \\ x^2 - 5x + 4 > 0 \end{cases}$

問題 32.2　次の連立不等式を解け。

(1) $\begin{cases} x^2 - 25 < 0 \\ x^2 - 9 \geq 0 \end{cases}$

(2) $\begin{cases} x + 6 \geq x^2 \\ x^2 - 4x + 3 \geq 0 \end{cases}$

チェック項目	月　日	月　日
連立不等式を解くことができる。		

33　集合

全体集合，空集合，部分集合，共通部分，和集合，補集合の意味を理解している。

記号の意味

[1]　$A \subset B$（A は B の部分集合）とは A の全ての要素が B の要素であること。

[2]　$A = B$（相等）とは $A \subset B$ かつ $B \subset A$ であること。

[3]　$A \cap B$（共通部分）は A と B に共通な要素の集合のこと。

[4]　$A \cup B$（和集合）は A, B の少なくとも一方に属する要素の集合のこと。

[5]　ϕ（空集合）とは，要素を一つも含まない集合のこと。空集合はすべての集合の部分集合である。

[6]　$\overline{A}$（A の補集合）とは，A に属さない全体集合 U の要素の集合のこと。

[7]　次が成り立つ。$\overline{\overline{A}} = A$, $A \cap \overline{A} = \phi$, $A \cup \overline{A} = U$

例題 33.1　$A = \{1, 2, 3, 4, 5, 6\}$, $B = \{x | x$ は 12 の正の約数 $\}$ のとき，次の集合を求めよ。
(1) $A \cap B$ 　　　　　　　　　　　　(2) $A \cup B$

解答　$B = \{1, 2, 3, 4, 6, 12\}$ である。
(1) A, B に共通な要素は 1, 2, 3, 4, 6 であるから，$A \cap B = \{1, 2, 3, 4, 6\}$ である。
(2) A, B のいずれかに属している要素は 1, 2, 3, 4, 5, 6, 12 であるから，$A \cup B = \{1, 2, 3, 4, 5, 6, 12\}$ である。

例題 33.2　$A = \{x | -1 < x < 3\}$, $B = \{x | 0 < x < 5\}$ とする。次の集合を求めよ。
(1) $A \cap B$ 　　　　　　　　　　　　(2) $A \cup B$

解答　図のように，A, B を数直線に図示して考えるとわかりやすい。

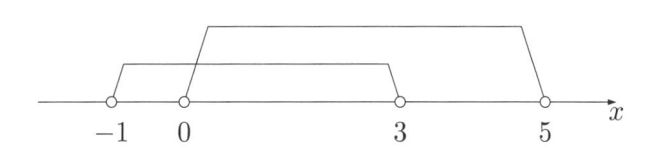

(1) $A \cap B = \{x | 0 < x < 3\}$
(2) $A \cup B = \{x | -1 < x < 5\}$

例題 33.3　全体集合を $U = \{x | x$ は 10 以下の自然数 $\}$ とする。U の部分集合 A, B が $A = \{x | x$ は奇数 $\}$, $B = \{x | x \geq 5\}$ であるとき，次の集合を求めよ。
(1) $\overline{A}$　　　　(2) $\overline{B}$　　　　(3) $\overline{A} \cup \overline{B}$　　　　(4) $\overline{A \cap B}$

解答　(1) $\overline{A}$ は 10 以下の自然数の中で偶数であるものの集合であるから，具体的に表すと $\overline{A} = \{2, 4, 6, 8, 10\}$ である。
(2) $B = \{5, 6, 7, 8, 9, 10\}$ であるから，$\overline{B} = \{1, 2, 3, 4\}$ である。
(3) $\overline{A}$ と $\overline{B}$ のいずれかに属する要素を求めて，$\overline{A} \cup \overline{B} = \{1, 2, 3, 4, 6, 8, 10\}$ である。
(4) $A \cap B = \{5, 7, 9\}$ であるから，$\overline{A \cap B} = \{1, 2, 3, 4, 6, 8, 10\}$ である。

ドリル no.33　　class　　　no　　　name

問題 33.1 次の 2 つの集合 A, B について, $A \cap B$, $A \cup B$ を求めよ。

(1) $A = \{1, 2, 3, 4, 5, 6\}$, $B = \{1, 3, 5, 7, 9\}$

(2) $A = \{x | x$ は 15 の正の約数 $\}$, $B = \{x | x$ は 20 の正の約数 $\}$

問題 33.2 集合 $A = \{x | -1 < x < 5\}$, $B = \{x | x \geq 3\}$ に対して, $A \cap B$, $A \cup B$ を求めよ。

問題 33.3 全体集合を $U = \{1, 2, 3, 4, 5, 6, 7, 8, 9\}$ とする。その部分集合 $A = \{2, 4, 6, 8\}$, $B = \{3, 6, 9\}$ に対して, 次の集合を求めよ。

(1) $\overline{A}$　　　(2) $\overline{B}$　　　(3) $A \cup \overline{B}$　　　(4) $\overline{A} \cup \overline{B}$　　　(5) $\overline{A \cup B}$

チェック項目	月　日	月　日
全体集合，空集合，部分集合，共通部分，和集合，補集合の意味を理解している。		

34 ド・モルガンの法則

> ド・モルガンの法則を理解している。

ド・モルガンの法則

[1] $\overline{A \cap B} = \overline{A} \cup \overline{B}$

[2] $\overline{A \cup B} = \overline{A} \cap \overline{B}$

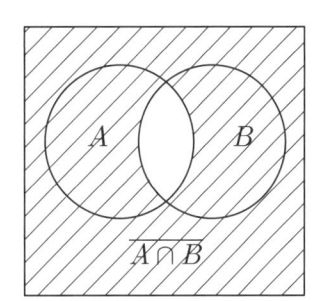

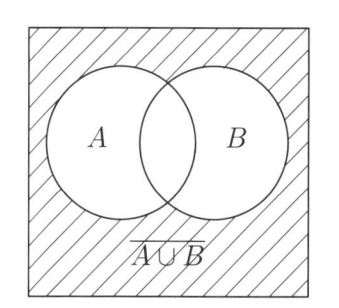

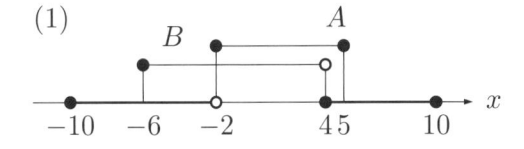

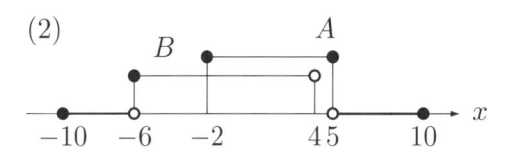

例題 34.1 全体集合を $U = \{x | x \text{ は } 12 \text{ 以下の自然数}\}$ とし，U の部分集合 A, B を $A = \{x | x \text{ は偶数}\}$，$B = \{x | x \text{ は } 3 \text{ の倍数}\}$ とするとき，ド・モルガンの法則が正しいことを確かめよ。

解答 $A = \{2, 4, 6, 8, 10, 12\}$, $B = \{3, 6, 9, 12\}$ であるので，

$$\overline{A} = \{1, 3, 5, 7, 9, 11\}, \quad \overline{B} = \{1, 2, 4, 5, 7, 8, 10, 11\},$$
$$A \cup B = \{2, 3, 4, 6, 8, 9, 10, 12\}, \quad A \cap B = \{6, 12\}$$

である。したがって

$$\overline{A \cap B} = \{1, 2, 3, 4, 5, 7, 8, 9, 10, 11\}, \quad \overline{A} \cup \overline{B} = \{1, 2, 3, 4, 5, 7, 8, 9, 10, 11\},$$

であるので，ド・モルガンの1つ目の法則が成り立つ。また

$$\overline{A \cup B} = \{1, 5, 7, 11\}, \quad \overline{A} \cap \overline{B} = \{1, 5, 7, 11\}$$

であるので，ド・モルガンの2つ目の法則が成り立つ。

例題 34.2 全体集合を $U = \{x \mid -10 \leqq x \leqq 10\}$ とし，U の部分集合 A, B を
$A = \{x \mid -2 \leqq x \leqq 5\}$, $B = \{x \mid -6 \leqq x < 4\}$ とするとき，次の集合を求めよ。

(1) $\overline{A \cap B}$ (2) $\overline{A} \cap \overline{B}$

解答

(1) $A \cap B = \{x \mid -2 \leqq x < 4\}$ であるので，

$$\overline{A \cap B} = \{x \mid -10 \leqq x < -2, \ 4 \leqq x \leqq 10\}$$

(2) $A \cup B = \{x \mid -6 \leqq x \leqq 5\}$ であるのでド・モルガンの法則を用いると

$$\overline{A} \cap \overline{B} = \overline{A \cup B} = \{x \mid -10 \leqq x < -6, \ 5 < x \leqq 10\}$$

ドリル no.34　　class　　　no　　　name

問題 34.1 全体集合を $U = \{x | x は 20 以下の自然数\}$ とし，U の部分集合 A, B を $A = \{x | x は偶数\}$，$B = \{x | x は 3 の倍数\}$ とするとき，次の集合を求めよ。

(1) $A \cap B$ (2) $A \cup B$

(3) $\overline{A} \cup \overline{B}$ (4) $\overline{A} \cap \overline{B}$

問題 34.2 全体集合を $U = \{x | 0 \leqq x \leqq 10\}$ とし，U の部分集合 A, B を $A = \{x | 3 \leqq x\}$，$B = \{x | x \leqq 7\}$ とするとき，次の集合を求めよ。

(1) $A \cap B$ (2) $A \cup B$

(3) $\overline{A} \cup \overline{B}$ (4) $\overline{A} \cap \overline{B}$

チェック項目	月　日	月　日
ド・モルガンの法則を理解している。		

35　集合の要素の個数

> いろいろな集合の要素の個数を求めることができる。

[1]　要素の個数が有限である集合を有限集合，無限である集合を無限集合という。
　　A が有限集合であるとき，A の要素の個数を記号 $n(A)$ で表す。
　　A, B が有限集合であるとき，次の等式が成り立つ。
$$n(A \cup B) = n(A) + n(B) - n(A \cap B)$$

[2]　特に，$A \cap B = \phi$ であるときは $n(A \cap B) = 0$ であるので次が成り立つ。
$$n(A \cup B) = n(A) + n(B)$$

例題 35.1　全体集合を $U = \{x | x \text{ は } 15 \text{ 以下の自然数}\}$ とし，U の部分集合 A, B を $A = \{x | x \text{ は奇数}\}$, $B = \{x | x \text{ は } 3 \text{ の倍数}\}$ とするとき，$n(A \cup B)$ を求めよ。

解答　$A = \{1, 3, 5, 7, 9, 11, 13, 15\}$, $B = \{3, 6, 9, 12, 15\}$ であり，$A \cap B = \{3, 9, 15\}$ である。
したがって
$$n(A \cup B) = n(A) + n(B) - n(A \cap B) = 8 + 5 - 3 = 10$$

例題 35.2　あるクラスの学生 40 名全員が 2 つの工場 A, B を見学した。工場 A を見学した学生の集合を A とし，工場 B を見学した学生の集合を B とする。工場 A を見学した学生数は 30 名，両方の工場を見学した学生数は 12 名であった。工場 B を見学した学生は全部で何名か。ただし，このクラスの学生は必ずどちらかの工場を見学したものとする。

解答　このクラス全員の集合が全体集合である。これを U とおく。
$$n(A \cup B) = n(A) + n(B) - n(A \cap B)$$
であり，必ずどちらかの工場を見学しているので　$A \cup B = U$ である。
$n(A \cup B) = n(U) = 40$ より　　$40 = 30 + n(B) - 12$
したがって，　$n(B) = 22$ が得られる。
つまり，B 工場を見学した学生は 22 名である。

ドリル no.35　class　　　no　　　name

問題 35.1 全体集合を $U = \{x|x \text{ は} -4 \leqq x \leqq 6 \text{ を満たす整数}\}$ とし，U の部分集合 A, B を
$$A = \{x|x = 3k \ (k \text{ は整数})\}, B = \{x|x = 2k \ (k \text{ は整数})\}$$
とするとき，次の集合の要素の個数を求めよ。

(1) A 　　　　　　　　　　　　(2) $A \cap B$

(3) $A \cup B$ 　　　　　　　　　(4) $\overline{A} \cap \overline{B}$

問題 35.2 1年のあるクラスの学生数は40名である。クラスの学生の中でAという本を読んだ学生数は25名，Bという本を読んだ学生数は20名で，両方の本を読んだ学生は8名いた。Aという本を読んだ学生の集合を A，Bという本を読んだ学生の集合を B とし，Aだけを読んだ学生の集合を C とする。次の集合に属する学生の人数を求めよ。

(1) C 　　　　(2) $\overline{A} \cap B$ 　　　　(3) $\overline{A \cup B}$

チェック項目	月　日	月　日
いろいろな集合の要素の個数を求めることができる。		

36 命題

> 命題の真・偽・否定の意味を理解している。
> 十分条件・必要条件・必要十分条件の意味を理解している。

命題とその真偽　正しい（真）か正しくない（偽）かを判断できる式や文を命題という。

[1] 命題が偽であることを示すには，それが成り立たない例（反例）を1つあげればよい。

[2] 命題 p に対して「p でない」という命題を p の否定といい，$\bar{p}$ で表す。

必要条件と十分条件　2つの命題 p, q から作られる命題「p ならば q」が真であるとき，「$p \Rightarrow q$」と表す。

[3] 命題「p ならば q」が真であるとき，p は q であるための「十分条件」である，q は p であるための「必要条件」である，という。

[4] 命題「p ならば q」と「q ならば p」とがともに真であるとき，「$p \Leftrightarrow q$」と表し，p は q であるための「必要十分条件」または，q は p であるための「必要十分条件」であるという。このとき，p と q とは同値であるともいう。

例題 36.1　次の命題の否定を述べよ。ただし，n は自然数，x は実数である。

(1)　p：「n は偶数」　　　　　　　(2)　p：「$x > 2$」
(3)　p：「n は偶数かつ3の倍数」　(4)　p：「$x < 0$ または $x > 5$」

解答

(1) 偶数でない自然数は奇数なので，$\bar{p}$：「n は奇数」

(2) $\bar{p}$：「$x \leqq 2$」

(3) n は2の倍数でかつ3の倍数なので，6の倍数であるから，$\bar{p}$：「n は6の倍数でない」

(4) 否定は「$x \geqq 0$ かつ $x \leqq 5$」となるので，共通部分をとって $\bar{p}$：「$0 \leqq x \leqq 5$」

例題 36.2　次の（　）の中に必要条件，十分条件，必要十分条件のいずれか適当な用語を記入せよ。ただし，x, a, b は実数である。

(1)　$x^2 = 16$ は $x = -4$ であるための（　　　　）である。
(2)　$a = b$ は $ac = bc$ であるための（　　　　）である。
(3)　$a^2 + b^2 = 0$ は，$a = 0$ かつ $b = 0$ であるための（　　　　）である。

解答

(1) $x = -4$ ならば $x^2 = (-4)^2 = 16$ である。しかし，$x^2 = 16$ ならば $x = 4$ または $x = -4$ である。よって $x = -4$ ならば $x^2 = 16$ のみが真なので，$x^2 = 16$ は $x = -4$ であるための 必要条件。

(2) $a = b$ ならば両辺に c をかけても等号が成り立つ。しかし，$ac = bc$ であっても $c = 0$ のときは任意の a, b について $a \times 0 = b \times 0 = 0$ となる。よって，$a = b$ ならば $ac = bc$ のみが真となり，$a = b$ は $ac = bc$ であるための 十分条件。

(3) $a^2 + b^2 = 0$ ならば $a = 0$ かつ $b = 0$ である。また，$a = 0$ かつ $b = 0$ ならば $a^2 + b^2 = 0$ である。よって $a^2 + b^2 = 0$ は，$a = 0$ かつ $b = 0$ であるための必要十分条件である。

ドリル no.36   class   no   name

問題 36.1 次の命題の否定を述べよ。

(1) p:「n は 3 の倍数かつ 5 の倍数」（n は自然数）

(2) p:「$x \leqq -2$ または $x > 5$」（x は実数）

問題 36.2 次の（ ）の中に必要条件，十分条件，必要十分条件のいずれか適当な用語を記入せよ。

(1) $a = b$ は $a^2 = b^2$ であるための（　　　　　）である。

(2) $x = 1, -3$ は $\dfrac{x^2 + 2x - 3}{x - 1} = 0$ であるための（　　　　　）である。

(3) $ab > 0$ は $a < 0$ かつ $b < 0$ であるための（　　　　　）である。

(4) $x^2 - x - 12 \leqq 0$ は $-3 \leqq x \leqq 4$ であるための（　　　　　）である。

問題 36.3 次の（ ）の中に必要条件，十分条件，必要十分条件，必要条件でも十分条件でもない，のいずれか適当な用語を記入せよ。

(1) 実数 a, b について，$a > b$ は $a^3 > b^3$ であるための（　　　　　）である。

(2) $x > y$ は $x^2 > y^2$ であるための（　　　　　）である。

チェック項目	月	日	月	日
命題の真・偽・否定の意味を理解している。				
十分条件・必要条件・必要十分条件の意味を理解している。				

37 逆，裏，対偶

> 命題「p ならば q」の逆・裏・対偶の命題がいえる。

命題「p ならば q」に対して，

命題「q ならば p」を，もとの命題「p ならば q」の逆の命題

命題「$\bar{p}$ ならば $\bar{q}$」を，もとの命題「p ならば q」の裏の命題

命題「$\bar{q}$ ならば $\bar{p}$」を，もとの命題「p ならば q」の対偶命題

という。もとの命題の真偽とその対偶の真偽は一致する。

例題 37.1 次の命題の逆，裏，対偶を述べよ。また，それらの真偽を調べよ。

$$\text{命題「} x > 1 \text{ ならば } x^2 > 1 \text{」}$$

解答 命題「$x > 1$ ならば $x^2 > 1$」について，仮定 $x > 1$ を p，結論 $x^2 > 1$ を q とする。この命題は真である。

(1) もとの命題の逆は「q ならば p」である。よって，

$$\text{逆「} x^2 > 1 \text{ ならば } x > 1 \text{」}$$

反例 $x = -2$ により，逆は偽である。

(2) もとの命題の裏は「$\bar{p}$ ならば $\bar{q}$」である。ここで，$\bar{p}$ は p の否定なので $x \leq 1$，$\bar{q}$ は q の否定なので $x^2 \leq 1$ となる。よって，

$$\text{裏「} x \leq 1 \text{ ならば } x^2 \leq 1 \text{」}$$

反例 $x = -2$ により，裏は偽である。

(3) もとの命題の対偶は「$\bar{q}$ ならば $\bar{p}$」である。よって，

$$\text{対偶「} x^2 \leq 1 \text{ ならば } x \leq 1 \text{」}$$

$x^2 \leq 1$ は $-1 \leq x \leq 1$ と同値なので，対偶は真である。

例題 37.2 次の命題を証明せよ。ただし，a, b は実数である。

$$\text{命題「} a^2 + b^2 = 0 \text{ ならば } a = 0 \text{ かつ } b = 0 \text{」}$$

解答 この命題の対偶は

$$\text{対偶「} a \neq 0 \text{ または } b \neq 0 \text{ ならば } a^2 + b^2 \neq 0 \text{」}$$

である。$a \neq 0$ の場合は，$a^2 > 0, b^2 \geq 0$ であるから $a^2 + b^2 \geq a^2 > 0$ となる。また，$b \neq 0$ の場合は，$a^2 \geq 0, b^2 > 0$ であるから $a^2 + b^2 \geq b^2 > 0$ となる。よって対偶が真であることが示された。したがって元の命題も真である。

ドリル no.37　class　　　no　　　name

問題 37.1 次の命題の逆, 裏, 対偶を述べよ。また, それらの真偽を ( ) 内に書け。

(1) (　) 命題「$x^2 = 4$ ならば $x = 2$」

　　(　) 逆 :

　　(　) 裏 :

　　(　) 対偶 :

(2) (　) 命題「$xy = x$ ならば $y = 1$」

　　(　) 逆 :

　　(　) 裏 :

　　(　) 対偶 :

(3) (　) 命題「$x^2 < 16$ ならば $x^2 - x - 6 < 0$」

　　(　) 逆 :

　　(　) 裏 :

　　(　) 対偶 :

問題 37.2 a, b を実数とするとき, 次の命題の対偶命題を作り, その真偽を調べよ。

$$\text{命題「} a + b \leqq 0 \text{ ならば } a \leqq 0 \text{ または } b \leqq 0 \text{」}$$

チェック項目	月　日	月　日
命題「p ならば q」の逆・裏・対偶の命題がいえる。		

38 等式の証明

> 等式の証明ができる。

一般的な等式の証明 等式 $A = B$ を証明するときには，次の方法のいずれかによる。

[1] A を変形すると B になる。（または，B を変形すると A になる。）

[2] A と B をそれぞれ変形すると，同じ式になる。

[3] $A - B$ を計算すると 0 になる。

条件付きの等式の証明 条件式があるときの等式の証明の場合，条件式を用いて1つの文字を消去する。また，左辺 − 右辺 の式を変形すると，条件式が利用できる場合がある。

例題 38.1 等式 $(x-a)(x-b) + a(x-b) + bx = x^2$ を証明せよ。

解答 左辺 $= x^2 - (a+b)x + ab + ax - ab + bx = x^2 =$ 右辺
ゆえに等式が成り立つ。

例題 38.2 等式 $(a^2+b^2)(c^2+d^2) = (ac+bd)^2 + (ad-bc)^2$ を証明せよ。

解答 左辺 $= a^2c^2 + a^2d^2 + b^2c^2 + b^2d^2$
右辺 $= (a^2c^2 + 2acbd + b^2d^2) + (a^2d^2 - 2adbc + b^2c^2) = a^2c^2 + a^2d^2 + b^2c^2 + b^2d^2$
ゆえに等式が成り立つ。

例題 38.3 $a+b+c = 0$ のとき等式 $a^2+ac = b^2+bc$ が成り立つことを証明せよ。

解答 $a+b+c = 0$ から，$c = -(a+b)$ である。したがって
左辺 $= a^2 - a(a+b) = -ab$, 右辺 $= b^2 - b(a+b) = -ab$
ゆえに，等式が成り立つ。

別解1 $a+b+c = 0$ から，$c = -(a+b)$ である。したがって
左辺 − 右辺 $= (a^2+ac) - (b^2+bc) = a^2 - a(a+b) - b^2 + b(a+b) = 0$
ゆえに，等式が成り立つ。

別解2 $a+b+c = 0$ より
左辺 − 右辺 $= (a^2+ac) - (b^2+bc) = (a^2-b^2) + (a-b)c = (a-b)(a+b+c) = 0$
ゆえに，等式が成り立つ。

ドリル no.38　　class　　　no　　　name

問題 38.1　等式 $x^4 + x^2 + 1 = (x^2 + x + 1)(x^2 - x + 1)$ を証明せよ。

問題 38.2　等式 $(a^2 + 1)(b^2 + 1) = (ab + 1)^2 + (a - b)^2$ を証明せよ。

問題 38.3　$a + b = 1$ のとき，等式 $a^2 + b^2 = 1 - 2ab$ が成り立つことを証明せよ。

問題 38.4　$a + b + c = 0$ のとき，等式 $2a^2 + bc = (b - a)(c - a)$ が成り立つことを証明せよ。

チェック項目	月　日	月　日
等式の証明ができる。		

39 比例式を条件とする等式の証明

> 比例式を条件とする等式の証明ができる。

比例式　$a:b=c:d$ のような，比についての等式を比例式という。比例式は普通の等式に直すのがよい。

[1]　$a:b=c:d \iff ad=bc \iff \dfrac{a}{b}=\dfrac{c}{d}$

[2]　$a:b:c=x:y:z \iff \dfrac{a}{x}=\dfrac{b}{y}=\dfrac{c}{z}$

例題 39.1　$\dfrac{a}{b}=\dfrac{c}{d}$ のとき，等式 $\dfrac{a+b}{a-b}=\dfrac{c+d}{c-d}$ を証明せよ。

解答　$\dfrac{a}{b}=\dfrac{c}{d}=k$ とおくと，$\dfrac{a}{b}=k$ から $a=bk$，$\dfrac{c}{d}=k$ から $c=dk$ となるので

$$左辺 = \dfrac{a+b}{a-b} = \dfrac{bk+b}{bk-b} = \dfrac{k+1}{k-1}$$
$$右辺 = \dfrac{c+d}{c-d} = \dfrac{dk+d}{dk-d} = \dfrac{k+1}{k-1}$$

ゆえに，左辺 = 右辺 が成り立つ。

例題 39.2　$x:y:z=a:b:c$ のとき，等式 $(a^2+b^2+c^2)(x^2+y^2+z^2)=(ax+by+cz)^2$ を証明せよ。

解答　条件の連比を書き直して $\dfrac{x}{a}=\dfrac{y}{b}=\dfrac{z}{c}=k$ とおくと，$x=ka$, $y=kb$, $z=kc$ と書き直せるので

$$左辺 = (a^2+b^2+c^2)(k^2a^2+k^2b^2+k^2c^2) = k^2(a^2+b^2+c^2)^2$$
$$右辺 = (a\cdot ka+b\cdot kb+c\cdot kc)^2 = k^2(a^2+b^2+c^2)^2$$

ゆえに，左辺 = 右辺 が成り立つ。

ドリル **no.39**　class　　　no　　　name

問題 **39.1**　$\dfrac{a}{b} = \dfrac{c}{d}$ のとき，次の等式を証明せよ。

(1) $\dfrac{a+2b}{2a+b} = \dfrac{c+2d}{2c+d}$

(2) $\dfrac{(a+b)^2}{ab} = \dfrac{(c+d)^2}{cd}$

問題 **39.2**　$x:y:z = a:b:c$ のとき，等式 $\dfrac{x+2y+3z}{a+2b+3c} = \dfrac{x}{a}$ を証明せよ。

チェック項目	月　日	月　日
比例式を条件とする等式の証明ができる。		

40 不等式の証明・相加平均と相乗平均

絶対不等式の証明ができる。相加平均・相乗平均を用いた不等式の証明ができる。

絶対不等式の証明 (ある条件のもとで) どんな実数に対しても成立する不等式を絶対不等式という。これを示すには次の方法がある。

[1] $A \geqq B$ を示すには $A - B \geqq 0$ を示せばよい。
$A \leqq B$ を示すには $A - B \leqq 0$ を示せばよい。

[2] $A \geqq 0$ を示す1つの策は，$A = (\ )^2$ に変形できることを示すこと。

なお，等号が入っている場合には，その成立の条件を示すこと。

相加平均と相乗平均 a, b を正の実数とするとき，$\dfrac{a+b}{2}$ を a と b の相加平均といい，$\sqrt{ab}$ を a と b の相乗平均という。次の絶対不等式が成り立つ。

$$\dfrac{a+b}{2} \geqq \sqrt{ab} \quad (\text{等号は } a = b \text{ のときに成り立つ。})$$

例題 40.1 $(a^2 + b^2)(c^2 + d^2) \geqq (ac + bd)^2$ がすべての実数について成立することを証明せよ。

解答 $(a^2 + b^2)(c^2 + d^2) - (ac + bd)^2 \geqq 0$ であることを示せばよい。

$$\begin{aligned}(a^2 + b^2)(c^2 + d^2) - (ac + bd)^2 &= a^2c^2 + a^2d^2 + b^2c^2 + b^2d^2 - a^2c^2 - 2abcd - b^2d^2 \\ &= a^2d^2 - 2abcd + b^2c^2 \\ &= (ad - bc)^2 \geqq 0\end{aligned}$$

よって $(a^2 + b^2)(c^2 + d^2) \geqq (ac + bd)^2$ である。ここで等号が成立するのは $(ad - bc)^2 = 0$ のとき，すなわち $ad - bc = 0$，これは $ad = bc$ ということである。

補足： この不等式はコーシー・シュワルツの不等式と呼ばれる有名な絶対不等式である。

例題 40.2 $a > 0, b > 0$ のとき，相加平均と相乗平均に関する不等式 $\dfrac{a+b}{2} \geqq \sqrt{ab}$ を証明せよ。

解答 $\dfrac{a+b}{2} - \sqrt{ab} \geqq 0$ を示す。$a > 0, b > 0$ だから $\sqrt{ab} = \sqrt{a}\sqrt{b}$ と変形できるから

$$\dfrac{a+b}{2} - \sqrt{ab} = \dfrac{(\sqrt{a})^2 + (\sqrt{b})^2 - 2\sqrt{a}\sqrt{b}}{2} = \dfrac{(\sqrt{a} - \sqrt{b})^2}{2} \geqq 0$$

等号が成立するのは $\dfrac{(\sqrt{a} - \sqrt{b})^2}{2} = 0$ のとき，すなわち $\sqrt{a} - \sqrt{b} = 0$ より $a = b$ のときである。

例題 40.3 $a > 0$ のとき $a + \dfrac{1}{a} \geqq 2$ を証明せよ。

解答 a と b の相加平均と相乗平均に関する不等式を

$$a + b \geqq 2\sqrt{ab}$$

として用いる。$a > 0$ から $\dfrac{1}{a} > 0$ であるから，$b = \dfrac{1}{a}$ として，

$$a + \dfrac{1}{a} \geqq 2\sqrt{a \cdot \dfrac{1}{a}} = 2$$

等号が成立するのは $a = \dfrac{1}{a}$ より $a^2 = 1$ のときで，$a > 0$ から $a = 1$ のときである。

ドリル **no.40**　class　　　no　　　name

問題 40.1　文字はすべて実数として，次の不等式を証明せよ。

(1) $x^2 + 3xy \geqq 5xy - 2y^2$

(2) $\dfrac{a^2 + b^2}{2} \geqq \left(\dfrac{a+b}{2}\right)^2$

問題 40.2　相加平均と相乗平均に関する不等式を利用して，次の不等式を証明せよ。

(1) $a > 0$, $b > 0$ のとき　$(a+b)\left(\dfrac{1}{a} + \dfrac{1}{b}\right) \geqq 4$

(2) $a > 0$, $b > 0$, $c > 0$, $d > 0$ のとき　$\left(\dfrac{a}{b} + \dfrac{c}{d}\right)\left(\dfrac{b}{a} + \dfrac{d}{c}\right) \geqq 4$

チェック項目	月　日	月　日
絶対不等式の証明ができる。		
相加平均・相乗平均を用いた不等式の証明ができる。		

41 $y=b$, $y=ax+b$, $y=ax^2$, $y=\dfrac{a}{x}$ のグラフ

関数 $y=b$, $y=ax+b$, $y=ax^2$, $y=\dfrac{a}{x}$ のグラフを描ける。

定数関数 $y=b$ のグラフは x 軸に平行な直線であり，1次関数 $y=ax+b$ のグラフは傾きが a，切片が b の直線である。2次関数 $y=ax^2$ のグラフは原点を頂点とする放物線であり，分数関数 $y=\dfrac{a}{x}$ のグラフは x 軸と y 軸を漸近線とする双曲線である。

例題 41.1 次の関数のグラフを描け。

(1) $y=2$ 　　　　　　　　　　　(2) $y=x+2$

(3) $y=2x^2$ 　　　　　　　　　　(4) $y=\dfrac{2}{x}$

解答

(1) x 軸に平行な直線で，点 $(0,2)$ を通る (図1)。

(2) 切片が 2，傾きが 1 の直線である (図2)。

(3) 原点を頂点とする放物線であり，y 軸に関して対称である (図3)。

(4) x 軸と y 軸を漸近線とする双曲線で，原点に関して対称である (図4)。

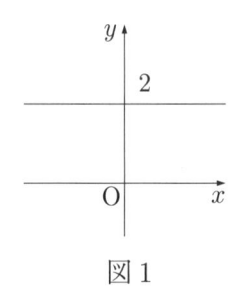

図1 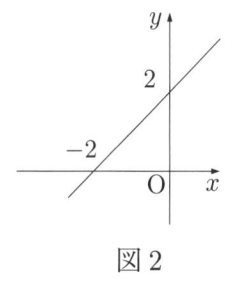　　　図2 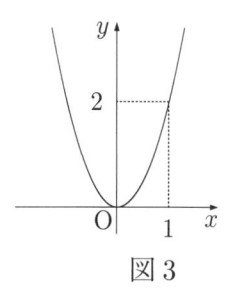　　　図3 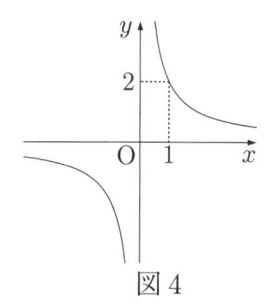　　　図4

例題 41.2 次のグラフは，どのような関数のグラフか。関数の式を答えよ。

(1)　　(2) 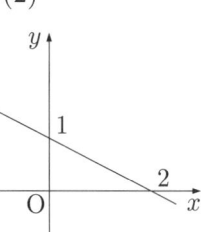　　(3) 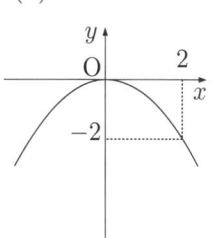　　(4)

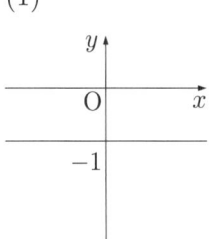

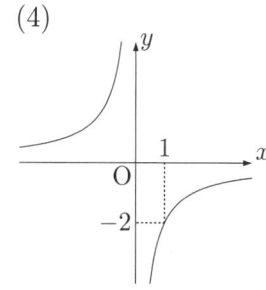

解答

(1) グラフが x 軸に平行で，点 $(0,-1)$ を通るのでつねに -1 なので $y=-1$ である。

(2) 切片が 1 で，傾きは $-\dfrac{1}{2}$ である。よって，$y=-\dfrac{1}{2}x+1$ である。

(3) $x=2$ のとき $y=-2$ の放物線。$y=ax^2$ に代入すると $a=-\dfrac{1}{2}$ なので $y=-\dfrac{1}{2}x^2$ である。

(4) $x=1$ のとき $y=-2$ の双曲線である。$y=\dfrac{a}{x}$ に代入して $a=-2$ なので $y=-\dfrac{2}{x}$ である。

ドリル **no.41**　class　　　no　　　name

問題 41.1　次の関数のグラフを描け。

(1)　$y = \sqrt{2}$

(2)　$y = 2x + 1$

(3)　$y = \dfrac{1}{4}x^2$

(4)　$y = \dfrac{1}{2x}$

問題 41.2　次のグラフは，どのような関数のグラフか。関数の式を答えよ。

(1)

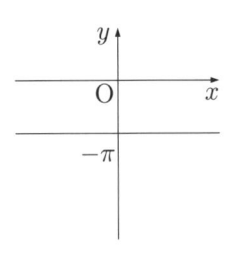

(2)

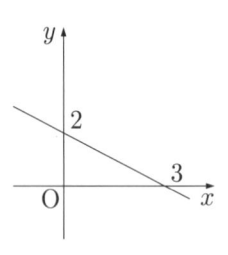

(3)

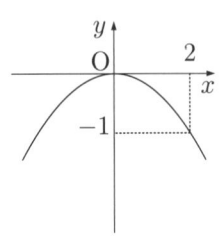

(4)

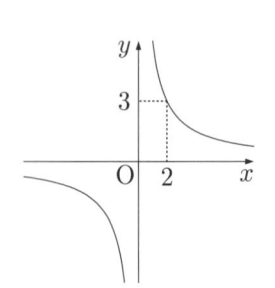

チェック項目	月	日	月	日
関数 $y = b$, $y = ax + b$, $y = ax^2$, $y = \dfrac{a}{x}$ のグラフを描ける。				

42 2次関数の標準形

> 与えられた2次関数を標準形に直してグラフの概形が描ける。

2次関数の標準形への変形 2次関数 $y = ax^2 + bx + c$ は

$$ax^2 + bx + c = a\left(x + \frac{b}{2a}\right)^2 - \frac{b^2 - 4ac}{4a}$$

と変形することができる。右辺を2次式の標準形 (または平方完成) という。

[1] $y = a(x-p)^2 + q$ のグラフは $y = ax^2$ のグラフを x 軸方向に p, y 軸方向に q 平行移動したものである。

[2] 2次関数 $y = ax^2 + bx + c$ のグラフについて次が成り立つ。

頂点の座標：$\left(-\dfrac{b}{2a}, -\dfrac{b^2-4ac}{4a}\right)$, 軸の方程式：$x = -\dfrac{b}{2a}$ である。

例題 42.1 次の2次関数のグラフを描け。

(1) $y = x^2 - 4x + 3$　　　　(2) $y = -2x^2 + 4x + 6$

解答

(1) 与えられた関数を標準形に直せば

$$\begin{aligned} y = x^2 - 4x + 3 &= x^2 - 4x + 4 - 4 + 3 \\ &= (x-2)^2 - 1 \end{aligned}$$

となるので，この2次関数のグラフは $y = x^2$ のグラフを x 軸方向に 2, y 軸方向に -1 平行移動したものだから，頂点の座標は $(2, -1)$ となる。

(2) 与えられた関数を標準形に直せば

$$\begin{aligned} y = -2x^2 + 4x + 6 &= -2\left(x^2 - 2x\right) + 6 \\ &= -2\left(x^2 - 2x + 1 - 1\right) + 6 \\ &= -2\left\{(x-1)^2 - 1\right\} + 6 \\ &= -2(x-1)^2 + 8 \end{aligned}$$

となるので，この2次関数のグラフは $y = -2x^2$ のグラフを x 軸方向に 1, y 軸方向に 8 平行移動したものだから，頂点の座標は $(1, 8)$ となる。

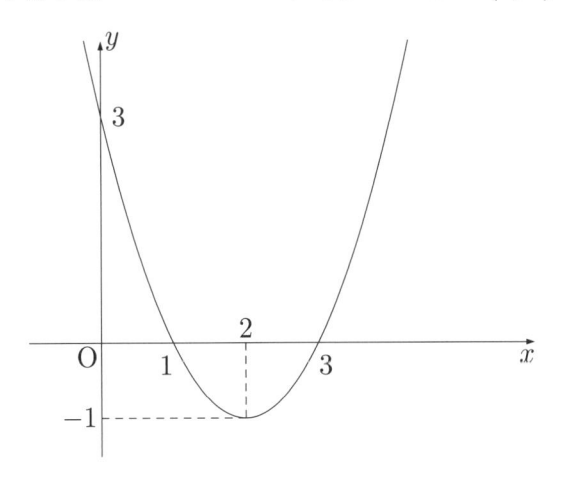

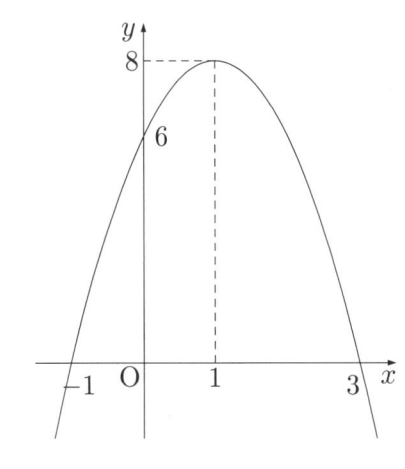

ドリル no.42　class　　no　　name

問題 42.1 次の空欄を適当に埋めよ。

(1) $y = 2(x-3)^2 - 4$ のグラフは $y = 2x^2$ のグラフを x 軸方向に □, y 軸方向に □ 平行移動したグラフである。

(2) $y = -2x^2$ のグラフを x 軸方向に -4, y 軸方向に 5 だけ平行移動して得られるグラフの方程式は $y =$ □ である。

問題 42.2 次の2次関数の頂点の座標, 軸の方程式を求め, グラフの概形を描け。

(1) $y = x^2 + 4x + 4$

(2) $y = -3x^2 - 6x + 2$

(3) $y = 5x^2 - 4x + 3$

(4) $y = (x+1)(3-x)$

チェック項目	月　日	月　日
与えられた2次関数を標準形に直してグラフの概形が描ける。		

43 2次関数のグラフと x 軸との共有点

> 2次関数のグラフと x 軸との共有点の個数を判別式を用いて求めることができる。

2次関数のグラフと x 軸との共有点 2次関数 $y = ax^2 + bx + c$ のグラフと x 軸との共有点の x 座標は，2次方程式 $ax^2 + bx + c = 0$ の実数解として求められる。したがって，2次関数のグラフと x 軸との共有点の個数，2次方程式の実数解の個数，そして2次方程式の解の種類は，いずれも判別式 $D = b^2 - 4ac$ の符号で次のように判定できる。

[1] $D > 0 \iff$ 異なる2つの実数解 $\iff$ 共有点2個 (交わる)

[2] $D = 0 \iff$ 2重解 $\iff$ 共有点1個 (接する)

[3] $D < 0 \iff$ 異なる2つの虚数解 $\iff$ 共有点0個

補足： 2次関数のグラフと x 軸との共有点がある場合は，2点で交わる場合 ($D > 0$) と1点で接する場合 ($D = 0$) とがある。したがって，単に「共有点がある」という場合の判別式の符号は $D \geqq 0$ である。

例題 43.1 次の2次関数のグラフと x 軸との共有点の個数を調べ，共有点があるならその x 座標を求めよ。

(1) $y = -x^2 + x + 6$ (2) $y = x^2 - 2\sqrt{2}x + 2$

(3) $y = -x^2 - 6x - 10$

解答

(1) $D = 1^2 - 4 \cdot (-1) \cdot 6 = 25 > 0$ より，共有点2個。
このとき，$-x^2 + x + 6 = 0$ を解いて，$x = -2, 3$

(2) $D = \left(-2\sqrt{2}\right)^2 - 4 \cdot 1 \cdot 2 = 0$ より，共有点1個。
このとき，$x^2 - 2\sqrt{2}x + 2 = 0$ を解いて，$x = \sqrt{2}$

(3) $D = (-6)^2 - 4 \cdot (-1) \cdot (-10) = -4 < 0$ より，共有点0個 (共有点なし)。

例題 43.2 2次関数 $y = -2x^2 + 7x + k$ のグラフが x 軸と2点で交わる k の値の範囲を定めよ。

解答 2次方程式 $-2x^2 + 7x + k = 0$ が異なる2つの実数解を持てばよいので，判別式 D が $D > 0$ となるように k の範囲を定めればよい。

$$D = 7^2 - 4 \cdot (-2) \cdot k = 8k + 49 > 0 \quad \text{から} \quad k > -\frac{49}{8}$$

となる。したがって求める k の範囲は $k > -\dfrac{49}{8}$ である。

ドリル no.43　class　　　no　　　name

問題 43.1 次の2次関数のグラフと x 軸との共有点の個数を調べ，共有点があるならその x 座標を求めよ。

(1) $y = 2x^2 + 4x - 2$

(2) $y = 3x^2 - 6x + 5$

(3) $y = -5x^2 + 6x - \dfrac{9}{5}$

(4) $y = x^2 - \dfrac{4}{5}x + \dfrac{4}{25}$

問題 43.2 2次関数 $y = -x^2 + 4x + 2k$ のグラフが x 軸と2点で交わるように k の値の範囲を定めよ。

チェック項目	月　日	月　日
2次関数のグラフと x 軸との共有点の個数を判別式を用いて求めることができる。		

44　2次関数のグラフと2次不等式

> 2次不等式とグラフの関係を理解している。

> 2次不等式を解くためにグラフを利用する。必要なのは x 軸との共有点だけである。

例題 44.1　次の2次不等式を解け。

(1) $x^2 < x + 6$ 　　(2) $x^2 \geqq x + 6$ 　　(3) $x^2 - 4x + 4 > 0$

(4) $x^2 - 4x + 4 \geqq 0$ 　　(5) $x^2 - 4x + 4 < 0$ 　　(6) $x^2 - 4x + 4 \leqq 0$

(7) $x^2 + x + 1 > 0$ 　　(8) $x^2 + x + 1 < 0$

解答

(1) 移項して $x^2 - x - 6 < 0$ と変形する。$y = x^2 - x - 6$ のグラフは x 軸と $(-2, 0), (3, 0)$ で交わり，下に凸である。グラフで $y < 0$ となるのは $-2 < x < 3$ である（図1）。

(2) 移項して $x^2 - x - 6 \geqq 0$ と変形する。$y = x^2 - x - 6$ のグラフは x 軸と $(-2, 0), (3, 0)$ で交わり，下に凸である。グラフで $y \geqq 0$ となるのは $x \leqq -2, x \geqq 3$ である（図2）。

(3) $y = x^2 - 4x + 4$ のグラフは x 軸と $(2, 0)$ で接し，下に凸である。グラフで $y > 0$ となるのは $x < 2, x > 2$ である。「$x = 2$ を除く実数全体」と書いてもよい（図3）。

(4) $y = x^2 - 4x + 4$ のグラフは x 軸と $(2, 0)$ で接し，下に凸である。グラフで $y \geqq 0$ となるのは実数全体である（図4）。

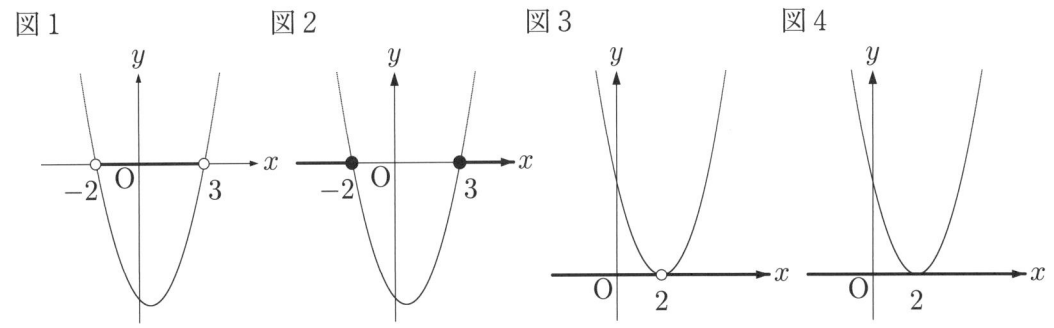

図1　　図2　　図3　　図4

(5) $y = x^2 - 4x + 4$ のグラフは x 軸と $(2, 0)$ で接し，下に凸である。グラフで $y < 0$ となる x は存在しないため，解なし（図5）。

(6) $y = x^2 - 4x + 4$ のグラフは x 軸と $(2, 0)$ で接し，下に凸である。グラフで $y < 0$ となる x は存在しないが，$y = 0$ となる $x = 2$ が解となる（図6）。

(7) $y = x^2 + x + 1$ のグラフは下に凸で x 軸との共有点はない。よってグラフは x 軸の上方にある。したがって，解は実数全体である（図7）。

(8) $y = x^2 + x + 1$ のグラフは下に凸で x 軸との共有点はない。グラフは x 軸の上方にあるため $y < 0$ となる x は存在しない。したがって，解なし（図8）。

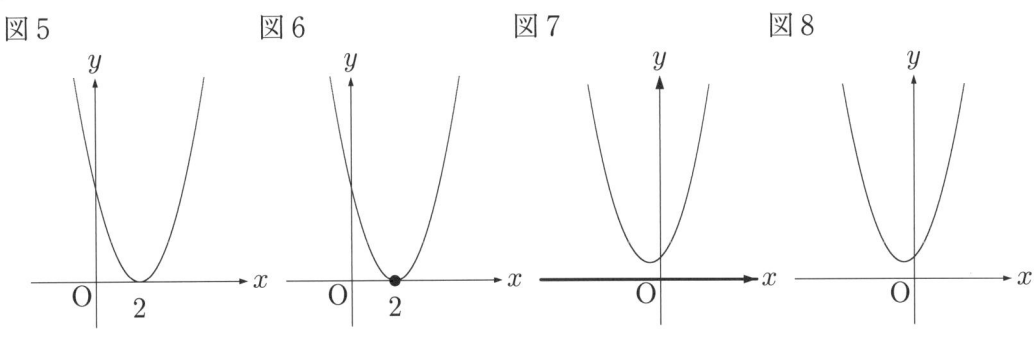

図5　　図6　　図7　　図8

ドリル **no.44**　　class　　　no　　　name

問題 44.1　2次関数のグラフを利用して，次の2次不等式を解け。(必ずおよそのグラフを図示しておくこと。)

(1)　$x^2 - 4x - 12 \geqq 0$

(2)　$3x^2 < 5x + 2$

(3)　$x^2 - 3x \leqq 0$

(4)　$x^2 - 4x \leqq 3$

(5)　$9x^2 - 12x + 4 \leqq 0$

(6)　$x^2 - 2x + 4 > 0$

(7)　$x^2 - 9 > 0$

(8)　$-x^2 + 2x - 3 > 0$

チェック項目	月　日	月　日
2次不等式とグラフの関係を理解している。		

45　2次関数のグラフと直線との共有点

2次関数と直線の共有点の座標を求めることができる。

共有点の座標

2つの関数 $y = ax^2 + bx + c$, $y = mx + n$ のグラフの共有点の座標は，連立方程式
$$\begin{cases} y = ax^2 + bx + c \\ y = mx + n \end{cases}$$
の実数解を求めることによって得られる。

例題 45.1 次の2次関数と直線の共有点の座標を求めよ。

(1) $y = -x^2 + 2x + 1$, $y = 3x - 1$ 　　(2) $y = 3x^2 + 4x + 1$, $y = -2x - 2$

解答

(1) 与えられた連立方程式から y を消去すると，$-x^2 + 2x + 1 = 3x - 1$　が得られる。
これを整理して因数分解すると，　　$(x + 2)(x - 1) = 0$
よって，$x = -2, 1$
これを直線の方程式 $y = 3x - 1$ に代入して，
$x = -2$ のとき，$y = -7$　　$x = 1$ のとき，$y = 2$
したがって，共有点の座標は $(-2, -7), (1, 2)$ である。

(2) 与えられた連立方程式から y を消去すると，$3x^2 + 4x + 1 = -2x - 2$　が得られる。
これを整理して因数分解すると，　　$(x + 1)^2 = 0$
よって，$x = -1$（2重解）が得られる。
これを直線の方程式 $y = -2x - 2$ に代入して，$y = 0$
したがって，共有点の座標は $(-1, 0)$ である。

例題 45.2 2次関数 $y = x^2 + 3x + 1$ のグラフと直線 $y = ax - 3$ が接するように定数 a の値を定めよ。また，そのときの接点の座標を求めよ。

解答

$x^2 + 3x + 1 = ax - 3$ を整理して $x^2 + (3 - a)x + 4 = 0$ 　…①
2つのグラフが接するのは，この2次方程式が2重解を持つときである。
したがって，$D = 0$ より，$(3 - a)^2 - 16 = 0$
よって，$a = -1, 7$
$a = -1$ のとき，① から，$x^2 + 4x + 4 = 0$, よって $x = -2$
このとき，$y = -x - 3$ より $y = -1$
したがって，接点の座標は $(-2, -1)$ である。
同様にして，$a = 7$ のとき，① から，$x^2 - 4x + 4 = 0$, よって $x = 2$
このとき，$y = 7x - 3$ より $y = 11$
したがって，接点の座標は $(2, 11)$ である。

ドリル **no. 45**　class　　　no　　　name

問題 45.1　次の 2 次関数のグラフと直線の共有点の座標を求めよ。
(1) $y = 2x^2 - 8x + 5$,　$y = -2x + 1$
(2) $y = -4x^2 + x + 7$,　$y = -7x + 11$

問題 45.2　2 次関数 $y = x^2 - 2x + 3$ のグラフと直線 $y = 2x + a$ が接するように定数 a の値を定めよ。また，そのときの接点の座標を求めよ。

問題 45.3　2 次関数 $y = x^2 - 2x + 4$ のグラフと直線 $y = ax - 5$ が接するように定数 a の値を定めよ。また，そのときの接点の座標を求めよ。

チェック項目	月　日	月　日
2 次関数と直線の共有点の座標を求めることができる。		

46　2次関数の決定

> 与えられた点を通るような2次関数の方程式を求めることができる。

2次関数の方程式を求める

与えられた条件を満たす2次関数の方程式を定めるには，その条件にふさわしい2次関数の形を考えるとよい。例えば，

[1]　頂点の座標 (p, q) が与えられた場合は，$y = a(x-p)^2 + q$ とおき，a の値を求める。

[2]　軸の方程式 $x = p$ が与えられた場合は，$y = a(x-p)^2 + q$ とおき，a と q の値を求める。

[3]　グラフが通る点を3つ与えられた場合には，2次関数を $y = ax^2 + bx + c$ とおき，3つの点の座標を代入すれば，a, b, c に関する連立3元1次方程式が得られる。これを解いて，a, b, c の値を求める。

[4]　x 軸との交点 $(\alpha, 0), (\beta, 0)$ が与えられた場合は，$y = a(x-\alpha)(x-\beta)$ とおいて，a の値を求める。

例題 46.1　頂点の座標が $(-2, 1)$ で，点 $(-1, 3)$ を通るような2次関数の方程式を求めよ。

解答　頂点の座標が与えられているので，求める2次関数の方程式を
$$y = a(x+2)^2 + 1 \quad \text{とおく。}$$
グラフが通る点の座標 $(-1, 3)$ を代入して，
$$3 = a(-1+2)^2 + 1$$
よって，$a = 2$
したがって，求める方程式は $y = 2(x+2)^2 + 1 = 2x^2 + 8x + 9$ である。

例題 46.2　軸の方程式が $x = 1$ で，2点 $(-1, -1), (2, 2)$ を通る2次関数の方程式を求めよ。

解答　軸の方程式が与えられているので，求める2次関数の方程式を
$$y = a(x-1)^2 + q \quad \text{とおく。}$$
グラフが通る2点の座標 $(-1, -1), (2, 2)$ を代入すると，連立方程式
$$4a + q = -1, \quad a + q = 2 \quad \text{が得られる。}$$
これを解いて，$a = -1, q = 3$
したがって，求める方程式は $y = -(x-1)^2 + 3 = -x^2 + 2x + 2$ である。

例題 46.3　3点 $(0, 2), (-1, 1), (2, -2)$ を通る2次関数の方程式を求めよ。

解答　求める2次関数の方程式を $y = ax^2 + bx + c$ とおく。
グラフが通る3点の座標を代入すると，連立方程式
$$2 = c, \quad 1 = a - b + c, \quad -2 = 4a + 2b + c \quad \text{が得られる。}$$
これを解いて，$a = -1, b = 0, c = 2$
したがって，求める方程式は $y = -x^2 + 2$ である。

ドリル no.46　class　　no　　name

問題 46.1 次の条件を満たす2次関数の方程式を求めよ。

(1) 頂点の座標が $(4, 3)$ で，点 $(2, -5)$ を通る。

(2) 軸の方程式が $x = -3$ で，2点 $(0, 13)$, $(-1, 3)$ を通る。

(3) 3点 $(0, 4)$, $(1, 3)$, $(2, 6)$ を通る。

(4) x 軸と2点 $(-3, 0)$, $(2, 0)$ で交わり，点 $(1, -16)$ を通る。

チェック項目	月　日	月　日
与えられた点を通るような2次関数の方程式を求めることができる。		

47 2次関数の定義域と値域，最大値と最小値

> 与えられた x の範囲において，2次関数の最大値・最小値を求めることができる。

定義域と値域 2次関数が定義されている x の範囲を定義域という。その定義域に対応する y の範囲を値域という。

最大値と最小値 値域の中に，最も大きな値があればこれを最大値という。最も小さな値があれば，最小値という。

例題 47.1 2次関数 $y = 2x^2 - 4x + 1$ について，定義域が次のように与えられたとき，値域を求めよ。また，最大値と最小値も求めよ。

(1) 実数全体　　　　　　　(2) $x \leqq 0$　　　　　　　(3) $-1 \leqq x \leqq 2$

解答

2次関数を標準形に直すと，$y = 2(x-1)^2 - 1$ である。

グラフから，つぎのことがわかる。

(1) 値域は $y \geqq -1$　最大値はない。
　　最小値は -1　（$x = 1$ のとき）

(2) 値域は $1 \leqq y$　最大値はない。最小値は 1　（$x = 0$ のとき）

(3) 値域は $-1 \leqq y \leqq 7$　最大値は 7　（$x = -1$ のとき）
　　最小値は -1　（$x = 1$ のとき）

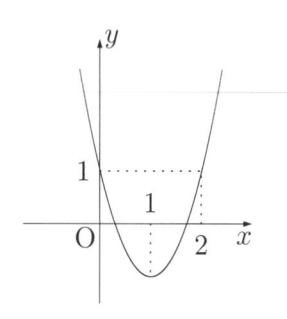

例題 47.2 2次関数 $y = 1 - 2x - 2x^2$ について，定義域が次のように与えられたとき，値域を求めよ。また，最大値と最小値も求めよ。

(1) $x > 1$　　　　　　　　(2) $-2 < x < 2$

解答

2次関数を標準形に直すと，$y = -2(x + \frac{1}{2})^2 + \frac{3}{2}$ である。

グラフから，つぎのことがわかる。

(1) 値域は $y < -3$　最大値も最小値もない。グラフが端の点を含まないことに注意。

(2) 値域は $-11 < y \leqq \frac{3}{2}$

　　最大値は $\frac{3}{2}$　（$x = -\frac{1}{2}$ のとき）
　　最小値はない。

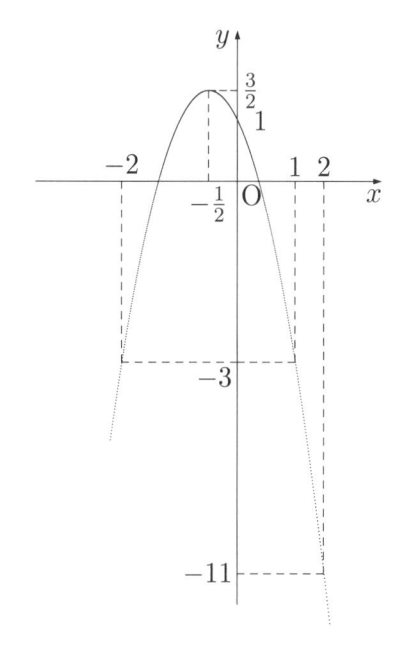

ドリル no.47　　class　　　no　　　name

問題 47.1　2次関数 $y = x^2 + 4x + 2$ について，定義域が次のように与えられたとき，値域を求めよ。また，最大値と最小値も求めよ。

(1) 実数全体　　　　　　　　(2) $x \geqq -1$　　　　　　　　(3) $-4 \leqq x \leqq 1$

問題 47.2　2次関数 $y = -2x^2 + 8x + 3$ について，定義域が次のように与えられたとき，値域を求めよ。また，最大値と最小値も求めよ。

(1) $x > 0$　　　　　　　　　　　　　　(2) $1 < x < 3$

チェック項目	月　日	月　日
与えられた x の範囲において，2次関数の最大値・最小値を求めることができる。		

48　2次関数の応用問題

> 与えられた問題から2次関数の式を立てて，調べることができる。

例題 48.1　長さが 32 [cm] のひもで長方形を作る。長方形の1つの辺の長さを x [cm] とするとき，この長方形の面積 S を x で表せ。そのときの x の範囲も求めよ。

解答　長方形の1つの辺の長さを x [cm] とすると，もう一つの辺の長さは $16-x$ [cm] となる。よって，$S = x(16-x) = -x^2 + 16x$ となる。

定義域は，$x > 0$ と $16 - x > 0$ から，$0 < x < 16$ となる。

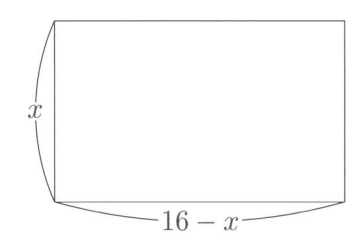

例題 48.2　ある商品を1個 70 円で売ると，1日の売り上げは 300 個である。この商品1個につき 1 円値下げするごとに 5 個の割合で売り上げが増える。1個 x 円値下げしたときの1日の売り上げ金額 y を x で表せ。

解答　x 円値下げしたときの売値は $70-x$ 円であり，売り上げが $300+5x$ 個となるから，売り上げ金額は $y = (70-x)(300+5x) = -5x^2 + 50x + 21000$ 円となる。

例題 48.3　座標平面上に原点 O，A(1, 0)，B(1, 1)，C(0, 1) がある。点 P が原点から出発し，毎秒 1 の速さでこの正方形 OABC 上を O, A, B, C, O の順で一周する。出発して t 秒後の OP の長さの 2 乗を y とする。次の場合に分けて y を t の式で表せ。

(1) $0 \leqq t \leqq 1$　　　(2) $1 \leqq t \leqq 2$　　　(3) $2 \leqq t \leqq 3$　　　(4) $3 \leqq t \leqq 4$

解答

(1) P$(t, 0)$ とおけるから，$y = t^2$

(2) P$(1, t-1)$ とおけるから，$y = 1 + (t-1)^2 = t^2 - 2t + 2$

(3) P$(3-t, 1)$ とおけるから，$y = (3-t)^2 + 1 = t^2 - 6t + 10$

(4) P$(0, 4-t)$ とおけるから，$y = (4-t)^2 = t^2 - 8t + 16$

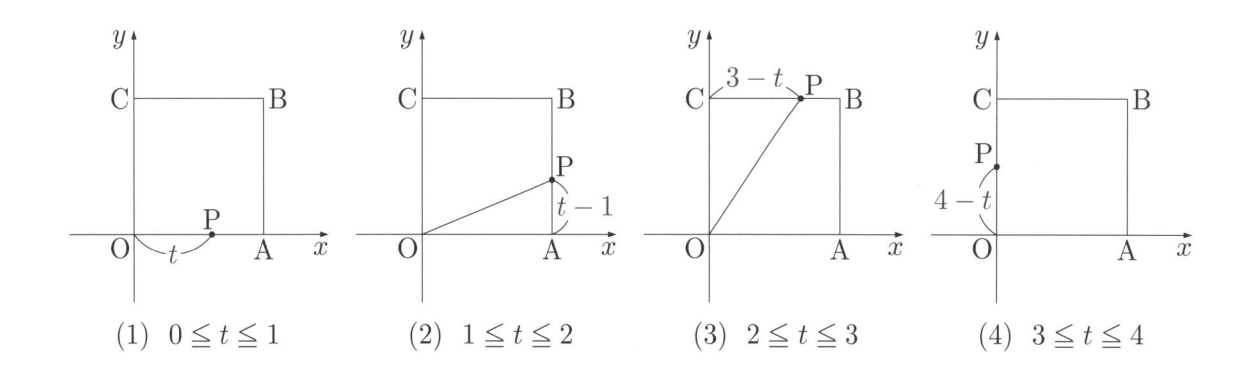

ドリル **no.48**　　class　　　　no　　　　name

問題 48.1　長さ 60 [cm] のひもで長方形を作る。長方形の 1 辺の長さを x [cm] とするとき，長方形の面積 S を x で表せ。また，そのときの x の範囲も求めよ。

問題 48.2　ある商品を 1 個 100 円で売ると，1 日の売り上げは 500 個である。この商品 1 個につき 1 円値上げするごとに 10 個の割合で売り上げが減る。1 個 x 円値上げしたときの 1 日の売り上げ金額 y を x で表せ。

問題 48.3　座標平面上に原点 O，A(2, 0)，B(2, 2)，C(0, 2) がある。点 P が原点から出発し，毎秒 1 の速さでこの正方形 OABC 上を O，A，B，C，O の順で一周する。出発して t 秒後の OP の長さの 2 乗を y とする。次の場合に分けて y を t の式で表せ。
　(1) $0 \leqq t \leqq 2$　　　(2) $2 \leqq t \leqq 4$　　　(3) $4 \leqq t \leqq 6$　　　(4) $6 \leqq t \leqq 8$

チェック項目	月　日	月　日
与えられた問題から 2 次関数の式を立てて，調べることができる。		

49 べき関数

べき関数のグラフの性質を理解している。

べき関数のグラフ n を正の整数とする。このとき $y = x^n$ を n 次のべき関数という。

[1] ($y = x, y = x^3, y = x^5, \ldots$ など)
n が奇数のとき $y = x^n$ のグラフは原点に関して対称

[2] ($y = x^2, y = x^4, y = x^6, \ldots$ など)
n が偶数のとき $y = x^n$ のグラフは y 軸に関して対称

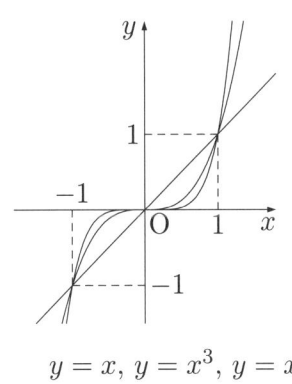

$y = x, y = x^3, y = x^5$ 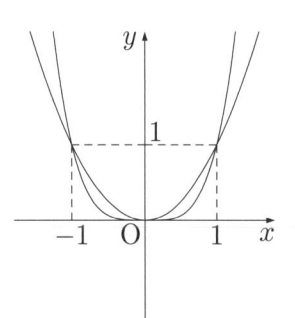 　　　 $y = x^2, y = x^4$

<関連項目 58>

例題 49.1 次のべき関数 $y = x^n$ (n は正の整数) の性質に関する文章について，正しいか，間違いか答えよ。理由も述べよ。

(1) グラフは必ず点 $(1, 1)$ を通る。

(2) n が偶数のとき，グラフは常に増加している。

解答

(1) $x = 1$ のとき，$y = 1^n = 1$ より，グラフは必ず点 $(1, 1)$ を通る。よって正しい。

(2) n が偶数のとき，グラフは y 軸に関して対称であり，$x < 0$ の範囲ではグラフは減少する。よって間違い。

例題 49.2

(1) $y = x^3$ のグラフは原点に関して対称であることを示せ。

(2) $y = x^4$ のグラフは y 軸に関して対称であることを示せ。

解答

(1) $y = x^3$ のグラフを原点に関して対称移動したグラフの方程式は $y = -(-x)^3 = x^3$ となり，元の関数の式 $y = x^3$ に一致する。よって $y = x^3$ のグラフは原点に関して対称である。

(2) $y = x^4$ のグラフを y 軸に関して対称移動したグラフの方程式は $y = (-x)^4 = x^4$ となり，元の関数の式 $y = x^4$ に一致する。よって $y = x^4$ のグラフは y 軸に関して対称である。

例題 49.3 $y = x^4$ のグラフは $x > 0$ で増加していることを示せ。

解答 変域内の任意の実数 a, b に対して，$a < b$ のとき $f(a) < f(b)$ であれば増加，$f(a) > f(b)$ であれば減少である。このとき，$0 < a < b$ に対して $y = f(x) = x^4$ は

$$f(b) - f(a) = b^4 - a^4 = (b^2 + a^2)(b^2 - a^2) = (b^2 + a^2)(b + a)(b - a) > 0$$

よって $f(a) < f(b)$ となり，$f(x)$ は $x > 0$ で増加している。

ドリル **no.49**　class　　　no　　　name

問題 49.1　次のべき関数 $y = x^n$ (n は正の整数) の性質に関する文章について，正しいか，間違いか答えよ。理由も述べよ。

(1) グラフは必ず点 $(-1, 1)$ を通る。

(2) n が奇数のとき，グラフは常に増加している。

(3) n が偶数のとき，グラフは第3象限を通る。

問題 49.2　$y = x^5$ のグラフは原点に関して対称であることを示せ。

問題 49.3　関数 $y = f(x) = x^2$ のグラフについて次の問いに答えよ。

(1) $x > 0$ で増加していることを示せ。

(2) $x < 0$ で減少していることを示せ。

チェック項目	月　日	月　日
べき関数のグラフの性質を理解している。		

50 奇関数と偶関数

奇関数・偶関数の定義を理解している。

奇関数と偶関数 関数 $f(x)$ が

[1]　$f(-x) = -f(x)$ を満たすとき，$f(x)$ を奇関数という。奇関数のグラフは原点に関して対称である。

[2]　$f(-x) = f(x)$ を満たすとき，$f(x)$ を偶関数という。偶関数のグラフは y 軸に関して対称である。

例題 50.1 次の関数は，奇関数か偶関数かを調べよ。

(1)　$y = 3x^2$　　　(2)　$y = x - x^3$　　　(3)　$y = \dfrac{1}{\sqrt{x^2+1}}$

解答

(1) $f(x) = 3x^2$ とおくと
$$f(-x) = 3(-x)^2 = 3x^2 = f(x)$$
が成り立つ。したがって $y = 3x^2$ は偶関数である。

(2) $f(x) = x - x^3$ とおくと
$$f(-x) = (-x) - (-x)^3 = -x + x^3 = -(x - x^3) = -f(x)$$
が成り立つ。したがって $y = x - x^3$ は奇関数である。

(3) $f(x) = \dfrac{1}{\sqrt{x^2+1}}$ とおくと
$$f(-x) = \frac{1}{\sqrt{(-x)^2+1}} = \frac{1}{\sqrt{x^2+1}} = f(x)$$
が成り立つ。したがって $y = \dfrac{1}{\sqrt{x^2+1}}$ は偶関数である。

例題 50.2 関数 $f(x)$ は奇関数，$g(x)$ は偶関数であるとき，次の関数は奇関数か偶関数かを調べよ。

(1)　$2f(x)$　　　　　　　　　(2)　$f(x)g(x)$

解答 $f(x)$ は奇関数なので $f(-x) = -f(x)$，$g(x)$ は偶関数なので $g(-x) = g(x)$ が成り立つ。

(1) $h(x) = 2f(x)$ とおくと
$$h(-x) = 2f(-x) = -2f(x) = -h(x)$$
が成り立つ。したがって $2f(x)$ は奇関数である。

(2) $h(x) = f(x)g(x)$ とおくと
$$h(-x) = f(-x)g(-x) = -f(x)g(x) = -h(x)$$
が成り立つ。したがって $f(x)g(x)$ は奇関数である。

ドリル no.50　class　　　no　　　name

問題 50.1 次の関数は，奇関数か偶関数かを調べよ。

(1) $y = -2x^2$ 　　　(2) $y = -x + 4x^3$

(3) $y = -\dfrac{3x}{x^2+1}$ 　　　(4) $y = |x|$

問題 50.2 関数 $f(x)$ は奇関数，$g(x)$ は偶関数であるとき，次の関数は奇関数か偶関数かを調べよ。

(1) $3g(x)$ 　　　(2) $\{f(x)\}^3$

問題 50.3 関数 $y = 1 + \sqrt{4-x^2}$ が奇関数か偶関数かを調べよ。

チェック項目	月 日	月 日
奇関数・偶関数の定義を理解している。		

51 分数関数 (1)

> 分数関数のグラフを描くことができ，漸近線の方程式を求めることができる。

分数関数のグラフ

[1] 関数 $y = \dfrac{a}{x}$ のグラフは，x 軸と y 軸を漸近線とする直角双曲線である。

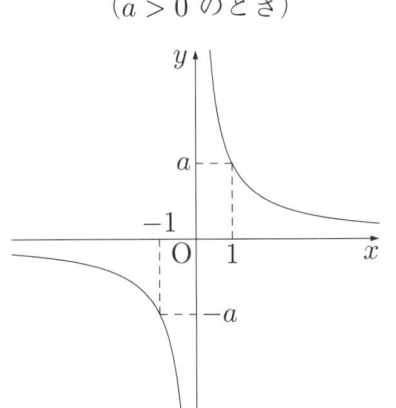

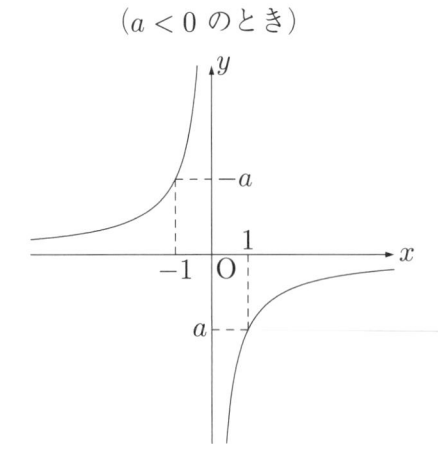

（$a > 0$ のとき）　　　　　　　　　　（$a < 0$ のとき）

[2] $y = \dfrac{a}{x-p} + q$ のグラフは，$y = \dfrac{a}{x}$ のグラフを x 軸方向に p，y 軸方向に q だけ平行移動したものであり，漸近線は直線 $x = p$, $y = q$ である。

＜関連項目 41, 57＞

例題 51.1 次の関数のグラフを描け。また，漸近線の方程式を求めよ。

(1) $y = -\dfrac{2}{x}$ 　　　(2) $y = \dfrac{1}{x-2}$ 　　　(3) $y = \dfrac{2}{x+1} - 3$

解答

(1) $y = -\dfrac{2}{x}$ のグラフは，点 $(1, -2), (2, -1), (-1, 2), (-2, 1)$ を通る。漸近線は $x = 0$, $y = 0$

(2) $y = \dfrac{1}{x-2}$ のグラフは，$y = \dfrac{1}{x}$ のグラフを x 軸方向に 2 だけ平行移動したものだから，$(2, 0)$ を新しい原点と考え，$(2, 0)$ を基準に $y = \dfrac{1}{x}$ のグラフを描けばよい。
漸近線は $x = 2$, $y = 0$ である。

(3) $y = \dfrac{2}{x+1} - 3$ のグラフは，$y = \dfrac{2}{x}$ のグラフを x 軸方向に -1，y 軸方向に -3 だけ平行移動したものだから，$(-1, -3)$ を新しい原点と考え，$(-1, -3)$ を基準に $y = \dfrac{2}{x}$ のグラフを描けばよい。漸近線は $x = -1$, $y = -3$ である。

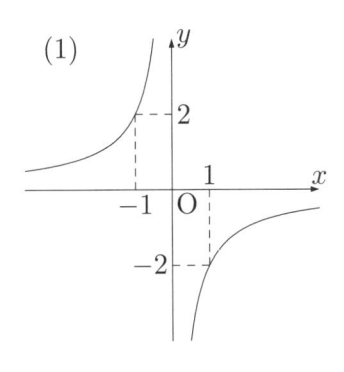

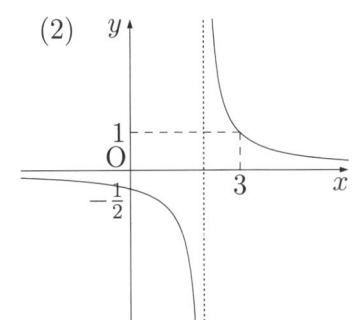

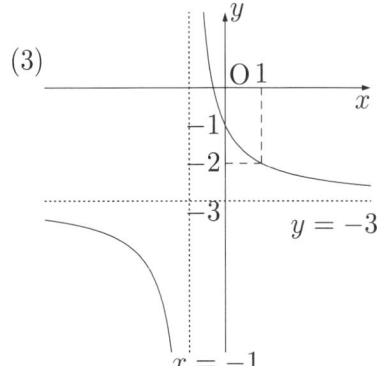

ドリル no.51　class　　no　　name

問題 51.1 次の関数のグラフを描け。また，漸近線の方程式を求めよ。

(1) $y = \dfrac{4}{x}$

(2) $y = -\dfrac{3}{x}$

(3) $y = \dfrac{3}{x} - 1$

(4) $y = -\dfrac{2}{x} + 1$

(5) $y = \dfrac{1}{x+2}$

(6) $y = -\dfrac{2}{x-1} + 2$

チェック項目　　月　日　月　日

分数関数のグラフを描くことができ，漸近線の方程式を求めることができる。

52 分数関数 (2)

> 分数関数のグラフで，与えられた定義域から値域を求めることができる。

分数関数 $y = \dfrac{\alpha x + \beta}{\gamma x + \delta}$ は

$$\frac{\alpha x + \beta}{\gamma x + \delta} = \frac{a}{x-p} + q$$

と変形することによって，$x = p, y = q$ が漸近線であることが分かる。

(A の次数) $\geqq$ (B の次数) のとき，分数式 $\dfrac{A}{B}$ は，$A \div B$ の商を Q，余りを R とすると $A = BQ + R$ と表されることを利用して，次のように変形することができる。

$$\frac{A}{B} = \frac{BQ + R}{B} = \frac{BQ}{B} + \frac{R}{B} = Q + \frac{R}{B} = \frac{R}{B} + Q$$

＜関連項目 10＞

例題 52.1 次の関数の漸近線を求め，グラフを描け。また，[ ] 内に示された定義域に対する値域を求めよ。

(1) $y = \dfrac{2x - 3}{x - 2}$　　$[-3 \leqq x < 1]$　　　(2) $y = \dfrac{4x - 2}{2x + 1}$　　$[x \geqq 0]$

解答 与えられた関数を $y = \dfrac{a}{x-p} + q$ に変形する。

(1) $(2x - 3) \div (x - 2)$ の商は 2，余りは 1 より，

$$y = \frac{2x - 3}{x - 2} = \frac{1}{x - 2} + 2$$

と変形することができる。したがって漸近線は直線 $x = 2, y = 2$ である。
またグラフより，定義域が $-3 \leqq x < 1$ のとき，値域は $1 < y \leqq \dfrac{9}{5}$ である。

(2) $(4x - 2) \div (2x + 1)$ の商は 2，余りは -4 より，

$$y = \frac{4x - 2}{2x + 1} = \frac{-4}{2x + 1} + 2 = -\frac{2}{x + \frac{1}{2}} + 2$$

と変形することができる。したがって漸近線は直線 $x = -\dfrac{1}{2}, y = 2$ である。
またグラフより，定義域が $x \geqq 0$ のとき，値域は $-2 \leqq y < 2$ である。

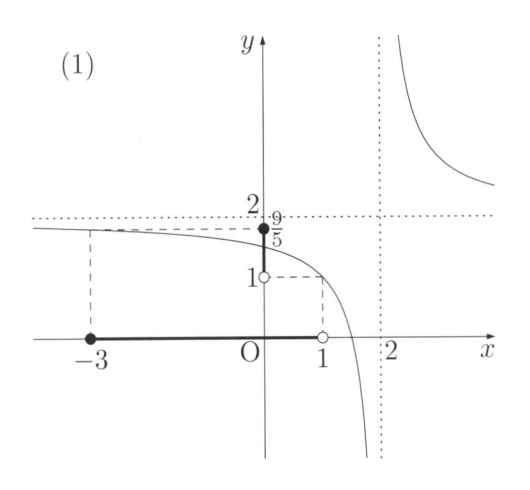

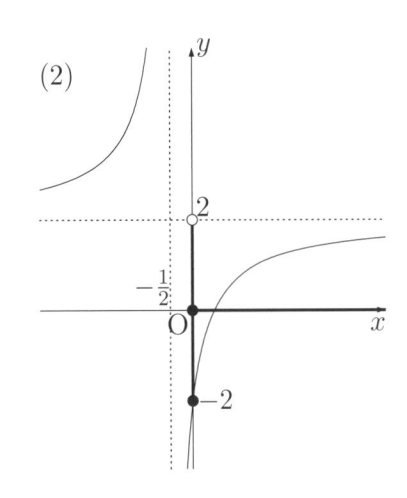

ドリル no.52　class　　no　　name

問題 52.1 次の関数の漸近線を求め，グラフを描け。

(1) $y = \dfrac{2x-1}{x+1}$

(2) $y = \dfrac{2x+1}{2x-3}$

問題 52.2 次の関数の [ ] 内に示された定義域に対する値域を求めよ。

(1) $y = \dfrac{2}{x+1} + 2 \quad [-3 \leqq x \leqq -2]$

(2) $y = \dfrac{2x-1}{x+1} \quad [0 \leqq x \leqq 3]$

(3) $y = \dfrac{2x+3}{x-1} \quad [x \geqq 2]$

(4) $y = \dfrac{5-2x}{x+3} \quad [x > -3]$

チェック項目

分数関数のグラフで，与えられた定義域から値域を求めることができる。

53 分数方程式

分数方程式を解くことができる。

分数方程式の解法　分数方程式を解くには，次の手順で考える。

[1]　両辺に分母の最小公倍数を掛けて分母をはらう。

[2]　その方程式を解く。

[3]　その解のうち，もとの方程式の分母を 0 にするものを除く（解の吟味）。

<関連項目 13>

例題 53.1　次の分数方程式を解け。

(1)　$\dfrac{1}{x} - \dfrac{2}{x+2} = \dfrac{1}{3}$
(2)　$\dfrac{x}{x+1} - \dfrac{1}{x-1} = \dfrac{2}{x^2-1}$

解答

(1) 両辺に $3x(x+2)$ を掛けて分母をはらうと，
$$3(x+2) - 6x = x(x+2) \quad \text{が得られる。}$$
整理すると　　$x^2 + 5x - 6 = 0$
$$(x+6)(x-1) = 0$$
よって，$x = -6, 1$ が求まる。
ところが，分母をはらって得られる方程式は元の方程式とはちがうので，解の吟味が必要である。
$x = -6, 1$ のいずれも分母は 0 にならず，元の方程式を満たす。
ゆえに，求める解は，$x = -6, 1$ である。

(2) 両辺に $(x+1)(x-1)$ を掛けて分母をはらうと，
$$x(x-1) - (x+1) = 2$$
$$x^2 - 2x - 3 = 0$$
$$(x+1)(x-3) = 0$$
したがって $x = -1, 3$ が得られる。
しかし $x = -1$ は分母を 0 にするので解として不適である。
よって $x = 3$ が解である。

(注意)　(2) の $x = -1$ のように，分数方程式を解いたとき，元の方程式の分母を 0 とする解が含まれる場合があるので，これを解から除かなければならない。このような解を無縁解という。

例題 53.2　次の分数方程式を解け。
$$\dfrac{1}{x} + \dfrac{2}{x+1} = -\dfrac{2}{x-2}$$

解答　両辺に $x(x+1)(x-2)$ を掛けて分母をはらうと，
$(x+1)(x-2) + 2x(x-2) = -2x(x+1) \quad$ が得られる。
整理すると　　$5x^2 - 3x - 2 = 0$
$$(5x+2)(x-1) = 0$$
よって $x = -\dfrac{2}{5}, 1$ が求まる。
これらの解はいずれも分母を 0 にしない。
したがって　$x = -\dfrac{2}{5}, 1$ が解である。

ドリル no.53　　class　　　no　　　name

問題 53.1 次の分数方程式を解け。

(1) $\dfrac{x-1}{x-2} - \dfrac{4}{x^2-4} = 0$

(2) $1 + \dfrac{3}{x-3} = \dfrac{15}{x^2-x-6}$

(3) $\dfrac{1}{x-1} + \dfrac{6}{x^2-2x-3} = \dfrac{1}{x^2-4x+3}$

(4) $\dfrac{3}{2x+1} - \dfrac{4}{x-5} = \dfrac{6}{x+2}$

チェック項目	月　日	月　日
分数方程式を解くことができる。		

54　無理関数

> 無理関数のグラフが描ける。

無理関数のグラフ　無理関数 $y = \sqrt{x}$ のグラフは次の性質を持つ。

[1]　定義域は $x \geq 0$ である。

[2]　$x \geq 0$ で増加関数であり，値域は $y \geq 0$ である。

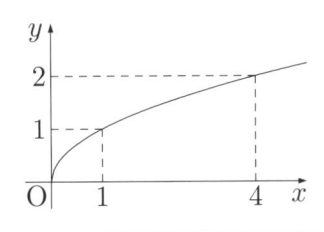

<関連項目 57, 58>

例題 54.1　次の無理関数の定義域と値域を求め，グラフを描け。

(1)　$y = -\sqrt{x}$ 　　(2)　$y = \sqrt{-x}$ 　　(3)　$y = -\sqrt{-x}$

解答

(1)　定義域 $x \geq 0$，値域 $y \leq 0$　(2)　定義域 $x \leq 0$，値域 $y \geq 0$　(3)　定義域 $x \leq 0$，値域 $y \leq 0$

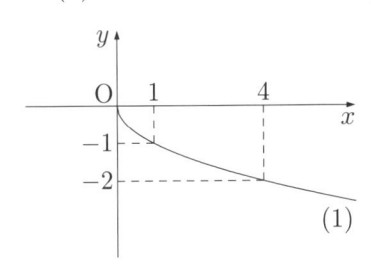

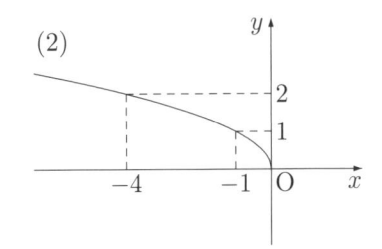

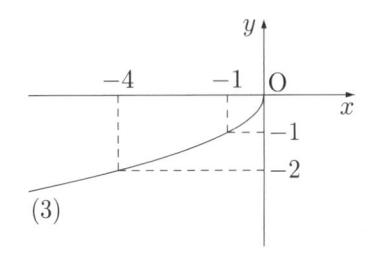

例題 54.2　次の無理関数の定義域と値域を求め，グラフを描け。

(1)　$y = \sqrt{x-3} + 1$ 　　(2)　$y = \sqrt{-x+3}$ 　　(3)　$y = 2\sqrt{x}$

解答

(1)　定義域は $x - 3 \geq 0$ すなわち $x \geq 3$，値域は $y \geq 1$。$y = \sqrt{x-3} + 1$ のグラフは，$y = \sqrt{x}$ のグラフを x 軸方向に 3，y 軸方向に 1 だけ平行移動したものである。

(2)　定義域は $-x + 3 \geq 0$ すなわち $x \leq 3$，値域は $y \geq 0$。$y = \sqrt{-x+3} = \sqrt{-(x-3)}$ のグラフは，$y = \sqrt{-x}$ のグラフを x 軸方向に 3 だけ平行移動したものである。

(3)　定義域は $x \geq 0$，値域は $y \geq 0$。$y = 2\sqrt{x}$ のグラフは，$y = \sqrt{x}$ のグラフを y 軸方向に 2 倍に拡大したものである。

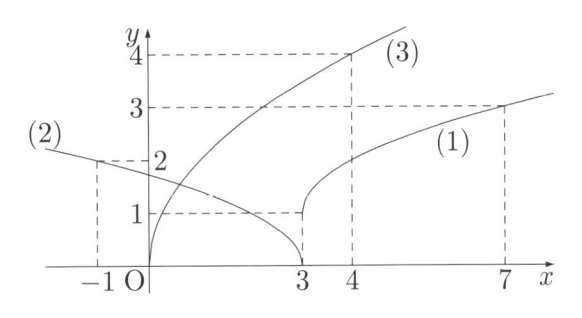

ドリル no.54　class　　　no　　　name

問題 54.1　次の無理関数の定義域と値域を求め，グラフを描け。

(1) $y = \sqrt{x+4}$

(2) $y = \sqrt{x-2} - 1$

(3) $y = \sqrt{-x+1}$

(4) $y = 2\sqrt{x} + 1$

(5) $y = -\sqrt{x-1}$

(6) $y = -\sqrt{-x+1} + 3$

チェック項目　　　　　　　　　　　　　　　　月　日　月　日

無理関数のグラフが描ける。

55 無理方程式

無理方程式を解くことができる。

無理方程式の解法 無理方程式を解くには，次の手順で考える。

[1] 適当に移項してから，両辺を2乗するなどして根号を含まない方程式に変形する。

[2] その方程式を解く。

[3] その解のうち，もとの方程式を満たすものだけを解とする（解の吟味）。

例題 55.1 次の無理方程式を解け。

(1) $\sqrt{x+1} = x-1$ (2) $\sqrt{x^2+2x+17} = 1-3x$

(3) $\sqrt{25-x^2} = \dfrac{x+25}{7}$

解答

(1) 両辺を2乗して $x+1 = (x-1)^2$，すなわち $x^2 - 3x = 0$ より $x = 0$ または $x = 3$ である。

(i) $x=0$ のとき (左辺) $= \sqrt{0+1} = 1$, (右辺) $= 0-1 = -1$ より (左辺) $\neq$ (右辺)

(ii) $x=3$ のとき (左辺) $= \sqrt{3+1} = 2$, (右辺) $= 3-1 = 2$ より (左辺) $=$ (右辺)

よって，解は $x=3$ となる。

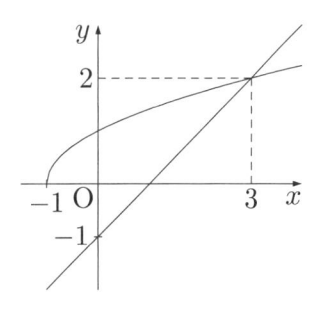

(2) 両辺を2乗して $x^2 + 2x + 17 = (1-3x)^2$，すなわち $8x^2 - 8x - 16 = 0$ より $x = 2$ または $x = -1$ である。

(i) $x=2$ のとき (左辺) $= \sqrt{2^2 + 2 \cdot 2 + 17} = 5$, (右辺) $= 1 - 3 \cdot 2 = -5$ より
(左辺) $\neq$ (右辺)

(ii) $x=-1$ のとき (左辺) $= \sqrt{(-1)^2 + 2 \cdot (-1) + 17} = 4$, (右辺) $= 1 - 3 \cdot (-1) = 4$ より
(左辺) $=$ (右辺)

よって，解は $x=-1$ となる。

(3) 両辺を2乗して $25 - x^2 = \dfrac{(x+25)^2}{49}$，すなわち $50x^2 + 50x - 600 = 0$ より $x = 3$ または $x = -4$ である。

(i) $x=3$ のとき (左辺) $= \sqrt{25 - 3^2} = 4$, (右辺) $= \dfrac{3+25}{7} = 4$ より (左辺) $=$ (右辺)

(ii) $x=-4$ のとき (左辺) $= \sqrt{25 - (-4)^2} = 3$, (右辺) $= \dfrac{-4+25}{7} = 3$ より
(左辺) $=$ (右辺)

よって，解は $x=3, -4$ となる。

ドリル no.55　　class　　　no　　　　name

問題 55.1 次の無理方程式を解け。

(1) $\sqrt{x} = x - 6$

(2) $\sqrt{25 - x^2} = x + 1$

(3) $\sqrt{x - 2} = -\dfrac{x}{3}$

チェック項目　　　　　　　　　　　　　　　　　　　　　月　日　月　日

無理方程式を解くことができる。

56 逆関数

逆関数を求めることができる。

逆関数とそのグラフ 関数 $y = f(x)$ の各 y の値に対応する x の値がただ一つだけ定まっているとき，x と y をいれかえて得られる関数を $y = f(x)$ の逆関数という。逆関数のグラフは元の関数のグラフと直線 $y = x$ に関して対称である。逆関数は次のようにして求められる。

[1]　$y = f(x)$ という関係式を x について解いて，$x = g(y)$ の形の関係式を求める。

[2]　x と y を入れかえた式 $y = g(x)$ が $y = f(x)$ の逆関数である。

[3]　このとき $y = g(x)$ の定義域は $y = f(x)$ の値域，$y = g(x)$ の値域は $y = f(x)$ の定義域とそれぞれ一致する。

例題 56.1 次の関数の逆関数を求めよ。

(1) $y = 2x + 1$

(2) $y = x^2 - 1 \quad (x \geq 0)$

(3) $y = \sqrt{x - 3} \quad (x \geq 3)$

(4) $y = \dfrac{-2x + 3}{x - 1} \quad (x \neq 1)$

解答

(1) 元の関数の定義域は実数全体，値域は実数全体である。
　　x について解くと，$x = \dfrac{y}{2} - \dfrac{1}{2}$
　　x と y を入れかえて，逆関数は $y = \dfrac{x}{2} - \dfrac{1}{2}$
　　逆関数の定義域は実数全体，値域は実数全体となる。

(2) 元の関数の定義域は $x \geq 0$，値域は $y \geq -1$ である。
　　x について解くと，$x^2 = y + 1$
　　　　　　　　$x \geq 0$ より $x = \sqrt{y + 1}$
　　x と y を入れかえて，逆関数は $y = \sqrt{x + 1}$
　　定義域は $x \geq -1$，値域は $y \geq 0$ となる。

(3) 元の関数の定義域は $x \geq 3$，値域は $y \geq 0$ である。
　　x について解くと，$y^2 = x - 3$
　　　　　　　　$x = y^2 + 3$
　　x と y を入れかえて，逆関数は $y = x^2 + 3$
　　逆関数の定義域は $x \geq 0$，値域は $y \geq 3$ となる。

(4) 元の関数の定義域は $x \neq 1$，$y = \dfrac{1}{x - 1} - 2$ と変形できるので，値域は $y \neq -2$ である。
　　x について解くと，$(x - 1)y = -2x + 3$
　　　　　　　　$(y + 2)x = y + 3$
　　　　　　　　$x = \dfrac{y + 3}{y + 2}$
　　x と y を入れかえて，逆関数は $y = \dfrac{x + 3}{x + 2}$
　　逆関数の定義域は $x \neq -2$，値域は $y \neq 1$ となる。

ドリル **no.56**　class　　　no　　　name

問題 56.1　次の関数の逆関数を求め，元の関数および逆関数のグラフを描け。

(1)　$y = -x + 3$

(2)　$y = 2x^2 - 4 \quad (x \geqq 0)$

(3)　$y = \sqrt{2x - 4} \quad (x \geqq 2)$

(4)　$y = \dfrac{2x - 1}{x - 1}$

(5)　$y = -\sqrt{x - 3} \quad (x \geqq 3)$

チェック項目	月　日	月　日
逆関数を求めることができる。		

57　グラフの平行移動

いろいろな関数のグラフを平行移動したグラフの方程式を求めることができる。

グラフの平行移動　関数 $y = f(x)$ のグラフを x 軸方向に p, y 軸方向に q だけ平行移動したグラフの方程式は，次の式で与えられる。
$$y - q = f(x - p)$$

例題 57.1　次の関数のグラフを [ ] の中で示しただけ平行移動したグラフの方程式を答えよ。

(1) $y = 2x$　　[x 軸方向に -1, y 軸方向に 3]

(2) $y = x^2$　　[x 軸方向に 1, y 軸方向に -2]

(3) $y = \sqrt{2x+1}$　　[x 軸方向に 2, y 軸方向に 1]

解答

(1) 与えられた関数は $y = f(x) = 2x$ であり，$p = -1$, $q = 3$ とすればよい。したがって求める方程式は $y - 3 = 2\{x - (-1)\}$ となり，これを整理すると $y = 2x + 5$ が得られる。

(2) 与えられた関数は $y = f(x) = x^2$ であり，$p = 1$, $q = -2$ とすればよい。したがって求める方程式は $y - (-2) = (x - 1)^2$ となり，これを整理すると $y = (x - 1)^2 - 2$ が得られる。

(3) 与えられた関数は $y = f(x) = \sqrt{2x+1}$ であり，$p = 2$, $q = 1$ とすればよい。したがって求める方程式は $y - 1 = \sqrt{2(x-2)+1}$ となり，これを整理すると，$y = \sqrt{2x-3} + 1$ が得られる。

例題 57.2　次の関数のグラフは，[ ] の中に与えた関数のグラフをどのように平行移動したものかを答えよ。

(1)　$y = 2x^2 + 4x$　　[$y = 2x^2$]　　　　(2)　$y = \dfrac{2x+3}{x+1}$　　[$y = \dfrac{1}{x}$]

解答

(1) $y = 2x^2 + 4x$ を標準形に変形すると，
$$y = 2(x^2 + 2x) = 2\{(x+1)^2 - 1\} = 2(x+1)^2 - 2$$
である。したがってこれは $y = 2x^2$ を x 軸方向に -1, y 軸方向に -2 だけ平行移動したものである。

(2) $(2x + 3)$ を $(x + 1)$ で割ると商が 2, 余り 1 だから
$$y = \frac{2x+3}{x+1} = \frac{1}{x+1} + 2$$
と変形することができる。したがって与えられた方程式は $y - 2 = \dfrac{1}{x+1}$ となる。これは $y = \dfrac{1}{x}$ を x 軸方向に -1, y 軸方向に 2 だけ平行移動したものである。

ドリル no.57　class　　no　　name

問題 57.1 次の関数のグラフを [ ] の中で示しただけ平行移動したグラフの方程式を答えよ。

(1) $y = 3x$ 　[x 軸方向に 1, 　y 軸方向に -2]

(2) $y = -x^2 + x$ 　[x 軸方向に 2, 　y 軸方向に 1]

(3) $y = \sqrt{-2x + 2}$ 　[x 軸方向に 1, 　y 軸方向に -1]

問題 57.2 次の関数のグラフは, [ ] の中に与えた関数のグラフをどのように平行移動したものかを答えよ。

(1) $y = -2x^2 + 6x$ 　[$y = -2x^2$]

(2) $y = \dfrac{x+3}{x-1}$ 　$\left[y = \dfrac{4}{x} \right]$

チェック項目	月 日	月 日
いろいろな関数のグラフを平行移動したグラフの方程式を求めることができる。		

58　グラフの対称移動

いろいろな関数のグラフを対称移動したグラフの方程式を求めることができる。

グラフの対称移動

[1]　関数 $y=f(x)$ と $y=-f(x)$ のグラフは，x 軸に関して対称である。

[2]　関数 $y=f(x)$ と，$y=f(-x)$ のグラフは，y 軸に関して対称である。

[3]　関数 $y=f(x)$ と $y=-f(-x)$ のグラフは，原点に関して対称である。

[4]　曲線 $y=f(x)$ と $x=f(y)$ は，直線 $y=x$ に関して対称である。

例題 58.1
次の直線または点に関して，放物線 $y=x^2+2x+3$ と対称な放物線の方程式を求めよ。

(1)　x 軸　　　　　　　　　　　　(2)　y 軸

(3)　原点

解答　$f(x)=x^2+2x+3$ とおく。

(1)　$y=-f(x)=-(x^2+2x+3)=-x^2-2x-3$

(2)　$y=f(-x)=(-x)^2+2(-x)+3=x^2-2x+3$

(3)　$y=-f(-x)=-((-x)^2+2(-x)+3)=-(x^2-2x+3)=-x^2+2x-3$

例題 58.2　直線 $y=x$ に関して，直線 $y=\dfrac{2}{3}x-2$ と対称な直線の方程式を求めよ。

解答　$x=\dfrac{2}{3}y-2$ である。これを y について解けば，$y=\dfrac{3}{2}x+3$ となる。

例題 58.3　原点に関して，曲線 $y=\sqrt{x}$ と対称な曲線を，y 軸方向へ 3 平行移動させた方程式を求めよ。

解答　原点に関して，$y=\sqrt{x}$ と対称な曲線は，$y=-\sqrt{-x}$ であり，それを，y 軸方向へ 3 平行移動させると，$y=-\sqrt{-x}+3$ となる。

ドリル **no.58**　class　　　no　　　name

問題 58.1 次の直線または点に関して，双曲線 $y = \dfrac{-2x+3}{x+1}$ と対称な双曲線の方程式を求めよ。

(1) x 軸　　　　　　　　　　　　(2) y 軸

(3) 原点

問題 58.2 直線 $y = x$ に関して，直線 $y = \dfrac{5}{4}x - \dfrac{1}{3}$ と対称な直線の方程式を求めよ。

問題 58.3 次の曲線の方程式を求めよ。
(1) x 軸に関して，放物線 $y = x^2$ と対称な放物線を，y 軸方向へ -1 平行移動したもの。

(2) y 軸に関して，双曲線 $y = \dfrac{1}{x}$ と対称な双曲線を，x 軸方向へ 2 平行移動したもの。

(3) 原点に関して，曲線 $y = \sqrt{2x}$ と対称な曲線を，x 軸方向へ -1 平行移動したもの。

チェック項目	月　日	月　日
いろいろな関数のグラフを対称移動したグラフの方程式を求めることができる。		

59　グラフの拡大と縮小

いろいろな関数のグラフを拡大・縮小したグラフの方程式を求めることができる。

グラフの拡大・縮小

関数 $y = f(x)$ のグラフに対して，次の式で表される関数のグラフは，$y = f(x)$ のグラフをそれぞれ拡大または縮小したものである。

[1] 　$y = Cf(x)$：　y 軸方向に C 倍

[2] 　$y = f(Cx)$：　x 軸方向に $\dfrac{1}{C}$ 倍

例題 59.1 関数 $y = x^2 - 4x + 4$ について，次のグラフの方程式を求めよ。

(1)　x 軸方向に 2 倍に拡大したもの。　　　(2)　y 軸方向に 3 倍に拡大したもの。

解答 $f(x) = x^2 - 4x + 4$ とすると，

(1) $y = f\left(\dfrac{1}{2}x\right) = \left(\dfrac{1}{2}x\right)^2 - 4\left(\dfrac{1}{2}x\right) + 4 = \dfrac{1}{4}x^2 - 2x + 4$

(2) $y = 3f(x) = 3(x^2 - 4x + 4) = 3x^2 - 12x + 12$

例題 59.2 次の関数のグラフは（　）内の関数のグラフをどのように拡大・縮小して得られるか。

(1)　$y = 2\sqrt{x-2}$　　$(y = \sqrt{x-2})$　　　(2)　$y = \sqrt{-3x}$　　$(y = \sqrt{-x})$

解答

(1) y 軸方向に 2 倍に拡大して得られる。

(2) x 軸方向に $\dfrac{1}{3}$ 倍に縮小して得られる。

例題 59.3 関数 $y = -3x^2$ のグラフは $y = x^2$ のグラフをどのように移動，拡大・縮小して得られるか。

解答 $y = (-3) \times x^2$ より，$y = -3x^2$ のグラフは $y = x^2$ のグラフを x 軸に関して対称移動し，y 軸方向に 3 倍（または，y 軸方向に 3 倍してから，x 軸に関して対称移動）して得られる。

(別解) この関数は $y = -(\sqrt{3}x)^2$ と考えることもできる。よって，x 軸方向に $\dfrac{1}{\sqrt{3}}$ 倍し，x 軸に関して対称移動（y 軸方向に -1 倍）して得られる。

ドリル **no.59**　class　　no　　name

問題 59.1 次の関数のグラフを（　）のよう拡大または縮小して得られるグラフの方程式を求めよ。また，それぞれのグラフを描け。

(1) $y = x^3$　　（y 軸方向に 3 倍に拡大）

(2) $y = \sqrt{x+2}$　　（x 軸方向に $\dfrac{1}{2}$ 倍に縮小）

問題 59.2 次の関数のグラフは（　）内の関数のグラフをどのように拡大・縮小して得られるか。

(1) $y = 3\sqrt{-x}$　　$(y = \sqrt{-x})$　　　　(2) $y = \sqrt{2x-2}$　　$(y = \sqrt{x-1})$

問題 59.3 関数 $y = -\dfrac{1}{2}x^2$ のグラフは $y = x^2$ のグラフをどのように移動，拡大・縮小して得られるか。

チェック項目	月　日	月　日
いろいろな関数のグラフを拡大・縮小したグラフの方程式を求めることができる。		

60 累乗根

累乗根の定義を理解している。

累乗根 n を自然数とするとき，

[1] 実数 a に対して，x の方程式 $x^n = a$ の解を a の n 乗根という。

[2] $a > 0$ に対して，a の n 乗根のうち正の数を n 乗根 a といい $\sqrt[n]{a}$ と表す。

(注意) n が奇数のとき $\sqrt[n]{-a} = -\sqrt[n]{a}$ と定めるが，n が偶数のとき $\sqrt[n]{-a}$ は存在しない。

2 乗根を平方根といい $\sqrt[2]{a} = \sqrt{a}$ と表す。3 乗根を立方根という。

累乗根の計算 $a > 0$, $b > 0$ で m, n が正の整数のとき

[1] $\sqrt[n]{a}\sqrt[n]{b} = \sqrt[n]{ab}$ [2] $\dfrac{\sqrt[n]{a}}{\sqrt[n]{b}} = \sqrt[n]{\dfrac{a}{b}}$

[3] $\left(\sqrt[n]{a}\right)^m = \sqrt[n]{a^m}$ [4] $\sqrt[m]{\sqrt[n]{a}} = \sqrt[mn]{a}$

例題 60.1 -8 の 3 乗根を求めよ。

解答 方程式 $x^3 = -8$ の解が -8 の 3 乗根だから，これを解く。$x^3 + 8 = 0$ を因数分解すれば

$$(x+2)(x^2 - 2x + 4) = 0 \quad \therefore \quad x = -2, \ x = \dfrac{2 \pm \sqrt{(-2)^2 - 1 \cdot 1 \cdot 4}}{2 \cdot 1} = 1 \pm \sqrt{3}i$$

となり，これら 3 つの数が -8 の 3 乗根である。

例題 60.2 次の値を求めよ。

(1) $\sqrt{4}$ (2) $\sqrt[3]{-27}$ (3) $\sqrt[4]{16}$

解答

(1) $\sqrt{4} = \sqrt{2^2} = 2$ (2) $\sqrt[3]{-27} = \sqrt[3]{(-3)^3} = -3$ (3) $\sqrt[4]{16} = \sqrt[4]{2^4} = 2$

例題 60.3 次の計算をせよ。

(1) $\sqrt[4]{8}\sqrt[4]{2}$ (2) $\dfrac{\sqrt[5]{160}}{\sqrt[5]{5}}$

(3) $\sqrt[3]{27^4}$ (4) $\sqrt[3]{\sqrt{729}}$

解答

(1) $\sqrt[4]{8}\sqrt[4]{2} = \sqrt[4]{16} = 2$ (2) $\dfrac{\sqrt[5]{160}}{\sqrt[5]{5}} = \sqrt[5]{\dfrac{160}{5}} = \sqrt[5]{32} = 2$

(3) $\sqrt[3]{27^4} = \left(\sqrt[3]{27}\right)^4 = 3^4 = 81$ (4) $\sqrt[3]{\sqrt{729}} = \sqrt[6]{729} = \sqrt[6]{3^6} = 3$

ドリル no.60   class   no   name

問題 60.1 次の累乗根を求めよ。

(1) 8 の 3 乗根

(2) 27 の 3 乗根

問題 60.2 次の値を求めよ。

(1) $\sqrt[4]{81}$

(2) $\sqrt[5]{-32}$

(3) $\sqrt[4]{(-31)^4}$

問題 60.3 次の計算をせよ。

(1) $\sqrt[6]{27}$

(2) $\dfrac{\sqrt[4]{243}}{\sqrt[4]{3}}$

(3) $\dfrac{\sqrt[5]{5}}{\sqrt[5]{160}}$

(4) $\sqrt[3]{\sqrt{5^{12}}}$

チェック項目	月 日	月 日
累乗根の定義を理解している。		

61 指数法則

実数の範囲まで拡張された指数法則を用いた計算ができる。

指数の拡張 定数 $a > 0$ について，
$$a^0 = 1, \quad a^{-1} = \frac{1}{a}, \quad a^{\frac{1}{2}} = \sqrt{a}, \quad a^{\frac{m}{n}} = \sqrt[n]{a^m} \quad (m, n \text{は整数}, n \geq 2)$$
として，任意の有理数 p に対する a^p を定めることができる。

指数法則 $a > 0, b > 0$ のとき，有理数 p, q について次の指数法則が成り立つ。

[1] $a^p a^q = a^{p+q}$ [2] $\dfrac{a^p}{a^q} = a^{p-q}$

[3] $(a^p)^q = a^{pq}$ [4] $(ab)^p = a^p b^p$

なお、$a > 0$ のとき，任意の無理数 x に対しても a^x が定義でき，指数 p, q が任意の実数のときも指数法則が成り立つ。

例題 61.1 次の計算をせよ。

(1) $8^{\frac{2}{3}}$ (2) $25^{-\frac{1}{2}}$ (3) $\left(27^{\frac{1}{2}}\right)^{\frac{4}{3}}$ (4) $9^{1.5}$

解答

(1) $8^{\frac{2}{3}} = (2^3)^{\frac{2}{3}} = 2^{3 \times \frac{2}{3}} = 2^2 = 4$ (2) $25^{-\frac{1}{2}} = \dfrac{1}{25^{\frac{1}{2}}} = \dfrac{1}{\sqrt{25}} = \dfrac{1}{5}$

(3) $\left(27^{\frac{1}{2}}\right)^{\frac{4}{3}} = \left(3^{3 \cdot \frac{1}{2}}\right)^{\frac{4}{3}} = 3^{\frac{3}{2} \cdot \frac{4}{3}} = 3^2 = 9$ (4) $9^{1.5} = 9^{\frac{3}{2}} = (3^2)^{\frac{3}{2}} = 3^{2 \cdot \frac{3}{2}} = 3^3 = 27$

例題 61.2 次の計算をせよ。

(1) $8^{\frac{1}{2}} \cdot 8^{-\frac{1}{3}} \cdot 8^{\frac{3}{2}}$ (2) $\sqrt[3]{9} \cdot \sqrt[3]{81}$ (3) $\sqrt[4]{27} \div \sqrt{3}$

解答

(1) $8^{\frac{1}{2}} \cdot 8^{-\frac{1}{3}} \cdot 8^{\frac{3}{2}} = 8^{\frac{1}{2} - \frac{1}{3} + \frac{3}{2}} = 8^{\frac{5}{3}} = (2^3)^{\frac{5}{3}} = 2^{3 \cdot \frac{5}{3}} = 2^5 = 32$

(2) $\sqrt[3]{9} \cdot \sqrt[3]{81} = \sqrt[3]{3^2} \cdot \sqrt[3]{3^4} = 3^{\frac{2}{3}} \cdot 3^{\frac{4}{3}} = 3^{\frac{2}{3} + \frac{4}{3}} = 3^2 = 9$

(3) $\sqrt[4]{27} \div \sqrt{3} = \sqrt[4]{3^3} \div \sqrt{3} = 3^{\frac{3}{4}} \div 3^{\frac{1}{2}} = 3^{\frac{3}{4} - \frac{1}{2}} = 3^{\frac{1}{4}} = \sqrt[4]{3}$

例題 61.3 次の式を a^x または $a^x b^y$ の形に表せ。

(1) $\left(\dfrac{\sqrt{a}}{a^2}\right)^3$ (2) $(a\sqrt[3]{a})^6$ (3) $\sqrt{\dfrac{a^5}{b^3}}$

解答

(1) $\left(\dfrac{\sqrt{a}}{a^2}\right)^3 = \left(\dfrac{a^{\frac{1}{2}}}{a^2}\right)^3 = \left(a^{\frac{1}{2}-2}\right)^3 = \left(a^{-\frac{3}{2}}\right)^3 = a^{-\frac{3}{2} \cdot 3} = a^{-\frac{9}{2}}$

(2) $(a\sqrt[3]{a})^6 = \left(a \cdot a^{\frac{1}{3}}\right)^6 = \left(a^{1+\frac{1}{3}}\right)^6 = \left(a^{\frac{4}{3}}\right)^6 = a^{\frac{4}{3} \cdot 6} = a^8$

(3) $\sqrt{\dfrac{a^5}{b^3}} = (a^5 b^{-3})^{\frac{1}{2}} = (a^5)^{\frac{1}{2}} (b^{-3})^{\frac{1}{2}} = a^{5 \cdot \frac{1}{2}} b^{-3 \cdot \frac{1}{2}} = a^{\frac{5}{2}} b^{-\frac{3}{2}}$

ドリル no.61　class　　no　　name

問題 61.1 次の計算をせよ。

(1) $64^{\frac{2}{3}}$

(2) $27^{-\frac{2}{3}}$

(3) $\left(125^{\frac{2}{3}}\right)^{\frac{1}{2}}$

(4) $\left(25^{\frac{3}{4}}\right)^{-2}$

(5) $100^{0.25}$

(6) $81^{-0.75}$

問題 61.2 次の計算をせよ。

(1) $2^{\frac{1}{4}} \cdot 2^{\frac{3}{4}}$

(2) $3^{\frac{3}{2}} \div 3^{-\frac{3}{2}}$

(3) $8^{\frac{5}{6}} \cdot 8^{-\frac{1}{2}} \div 8^{\frac{1}{3}}$

(4) $\sqrt{8} \cdot \sqrt[6]{8}$

(5) $\sqrt[3]{16} \cdot \sqrt[3]{2} \div \sqrt[3]{4}$

問題 61.3 $a > 0, b > 0$ のとき次の式を a^x または $a^x b^y$ の形に表せ。

(1) $\left(\dfrac{\sqrt{a}}{\sqrt[3]{a}}\right)^6$

(2) $\dfrac{\sqrt[3]{ab^2}}{\sqrt{ab}}$

チェック項目	月　日	月　日
実数の範囲まで拡張された指数法則を用いた計算ができる。		

62 指数関数とそのグラフ

指数関数のグラフを描くことができる。

指数関数　a を 1 でない正の数とするとき，関数 $y = a^x$ を，a を底とする指数関数という。

指数関数の性質　指数関数 $y = a^x$ $(a > 0, a \neq 1)$ について，次が成り立つ。

[1]　定義域は実数全体，値域は $y > 0$ である。

[2]　グラフは点 $(0, 1)$ および点 $(1, a)$ を通る。

[3]　グラフは x 軸を漸近線とする。

[4]　$a > 1$ のとき単調に増加し，$0 < a < 1$ のとき単調に減少する。

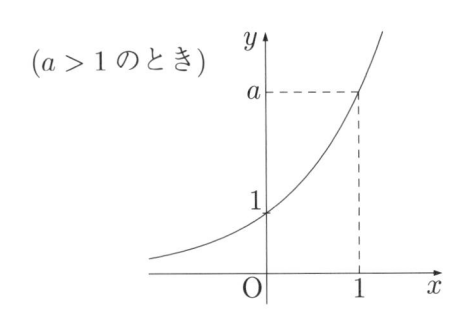

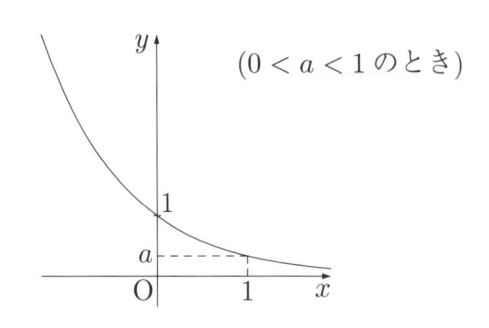

例題 62.1　指数関数 $y = 2^x$ のグラフと，$y = \left(\dfrac{1}{2}\right)^x$ のグラフは y 軸に関して対称であることを示し，グラフを同じ座標平面上に描け。また，漸近線の方程式を求めよ。

解答　$f(x) = 2^x$ とおくと，$f(-x) = 2^{-x} = \left(\dfrac{1}{2}\right)^x$ なので，2 つのグラフは y 軸について対称である。また，漸近線の方程式は $y = 0$（x 軸）である。（グラフは下図）

例題 62.2　指数関数 $y = 2^x$ のグラフと次の関数のグラフとの位置関係を述べ，グラフを描け。

(1)　$y = -2^x$　　　　　(2)　$y = -2^{-x}$

解答

(1) $f(x) = 2^x$ とおくと，$-f(x) = -2^x$ なので，2 つのグラフは x 軸について対称である。

(2) $f(x) = 2^x$ とおくと，$-f(-x) = -2^{-x}$ なので，2 つのグラフは原点について対称である。

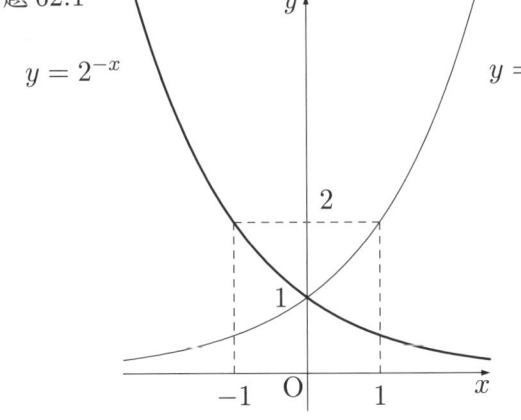

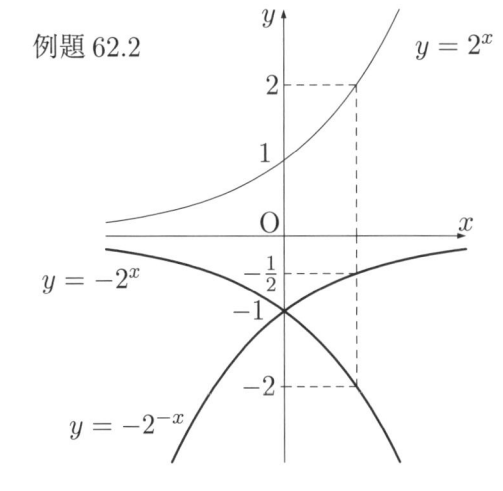

ドリル no.62　class　　　no　　　name

問題 62.1　指数関数 $y = \left(\dfrac{3}{2}\right)^x$ のグラフを描け。また，漸近線の方程式を求めよ。

問題 62.2　指数関数 $y = 3^x$ と $y = \left(\dfrac{1}{3}\right)^x$ のグラフを同じ座標平面上に描け。

問題 62.3　$y = 3^x$ のグラフと次のグラフとの位置関係を述べ，グラフを描け。

(1)　$y = 3^{-x}$　　　　　　(2)　$y = -3^x$　　　　　　(3)　$y = -3^{-x}$

チェック項目	月　日	月　日
指数関数のグラフを描くことができる。		

63 指数方程式・不等式

指数関数の方程式と不等式を解くことができる。

正の数 a ($a \neq 1$) を底とする指数について，次の事柄が成立する。

[1] $a^r = a^s \iff r = s$

[2] $a > 1$ の場合 $r < s \iff a^r < a^s$

[3] $0 < a < 1$ の場合 $r < s \iff a^r > a^s$

例題 63.1 次の数の組について，小さい順に左から並べよ。

(1) $\sqrt[3]{2^2}, \quad \sqrt[4]{2^3}, \quad \sqrt[5]{2^2}$ \qquad (2) $\sqrt[3]{0.5^5}, \quad \sqrt[5]{0.5^7}, \quad \sqrt[7]{0.5^{10}}$

解答

(1) $\sqrt[3]{2^2} = 2^{\frac{2}{3}}, \sqrt[4]{2^3} = 2^{\frac{3}{4}}, \sqrt[5]{2^2} = 2^{\frac{2}{5}}$ である。指数部分を比べると $\dfrac{2}{5} < \dfrac{2}{3} < \dfrac{3}{4}$

底が 1 より大きいので $2^{\frac{2}{5}} < 2^{\frac{2}{3}} < 2^{\frac{3}{4}}$ となる。よって，$\sqrt[5]{2^2} < \sqrt[3]{2^2} < \sqrt[4]{2^3}$

(2) $\sqrt[3]{0.5^5} = (0.5)^{\frac{5}{3}}, \sqrt[5]{0.5^7} = (0.5)^{\frac{7}{5}}, \sqrt[7]{0.5^{10}} = (0.5)^{\frac{10}{7}}$ である。

指数部分を比べると $\dfrac{7}{5} < \dfrac{10}{7} < \dfrac{5}{3}$

底が 1 より小さいので $(0.5)^{\frac{7}{5}} > (0.5)^{\frac{10}{7}} > (0.5)^{\frac{5}{3}}$ となる。

よって，$\sqrt[3]{0.5^5} < \sqrt[7]{0.5^{10}} < \sqrt[5]{0.5^7}$

例題 63.2 次の方程式，不等式を解け。

(1) $3^x = \dfrac{1}{27}$ \qquad (2) $8 < 16^x$ \qquad (3) $\left(\dfrac{1}{3}\right)^{x+1} < 27$

解答

(1) $\dfrac{1}{27} = 3^{-3}$ なので，$3^x = 3^{-3}$ となる。よって，解は $x = -3$ である。

(2) $8 = 2^3$, $16^x = 2^{4x}$ なので，$2^3 < 2^{4x}$ となる。
底が 1 より大きいから $3 < 4x$
よって，解は $x > \dfrac{3}{4}$ である。

(3) $\left(\dfrac{1}{3}\right)^{x+1} = 3^{-(x+1)}$, $27 = 3^3$ なので，$3^{-(x+1)} < 3^3$ となる。
底が 1 より大きいから $-(x+1) < 3$
よって，解は $x > -4$ である。

例題 63.3 不等式 $4^x - 2^x < 2$ を解け。

解答 $2^x = X$ として，$X^2 - X < 2$ これを解けば $-1 < X < 2$
よって，$X = 2^x > 0$ より $0 < 2^x < 2$ したがって解は $x < 1$ である。

ドリル no.63　　class　　　no　　　name

問題 63.1 次の数の組について，小さい順に左から並べよ。

(1) $\sqrt[3]{3^3},\ \sqrt[3]{3^4},\ \sqrt[5]{3^6}$

(2) $0.3,\ (0.3)^3,\ (0.3)^{-2}$

問題 63.2 次の方程式，不等式を解け。

(1) $\left(\dfrac{1}{3}\right)^x = \sqrt{3}$

(2) $4^x > \sqrt{32}$

問題 63.3 次の不等式を解け。

(1) $2^{x+2} > 8$

(2) $9^x - 2\cdot 3^{x+1} < 27$

チェック項目	月 日	月 日
指数関数の方程式と不等式を解くことができる。		

64　対数の性質

対数の性質を用いて計算することができる。

対数の性質　$a>0, a\neq 1$ を定数とするとき，正の実数 M に対して，$a^x=M$ となる x を a を底とする真数 M の対数といい，

$$x = \log_a M$$

と表す。定義から任意の実数 x と正の数 M について次の式が成り立つ。

$$\log_a a^x = x, \quad a^{\log_a M} = M, \quad \text{特に } \log_a a = 1, \quad \log_a 1 = 0$$

さらに次の式が成り立つ。

[1] $\quad \log_a MN = \log_a M + \log_a N$

[2] $\quad \log_a \dfrac{M}{N} = \log_a M - \log_a N$

[3] $\quad \log_a M^p = p\log_a M \quad$ (p は実数)

例題 64.1　次の式を対数の性質を用いて簡単にせよ。

(1) $\log_2 \sqrt[3]{16}$ 　　　(2) $\log_3 \sqrt{27}$

解答　[3] と $\log_a a = 1$ を用いる。

(1) $\log_2 \sqrt[3]{16} = \log_2 2^{\frac{4}{3}} = \dfrac{4}{3}\log_2 2 = \dfrac{4}{3}$

(2) $\log_3 \sqrt{27} = \log_3 3^{\frac{3}{2}} = \dfrac{3}{2}\log_3 3 = \dfrac{3}{2}$

例題 64.2　次の式を対数の性質を用いて簡単にせよ。

(1) $\log_6 9 + \log_6 4$ 　　(2) $\log_3 30 - \log_3 10$ 　　(3) $\log_7 30 + \log_7 \dfrac{1}{30}$

解答　[1], [2] と $\log_a a = 1, \quad \log_a 1 = 0$ を用いる。

(1) $\log_6 9 + \log_6 4 = \log_6 9\cdot 4 = \log_6 6^2 = 2$

(2) $\log_3 30 - \log_3 10 = \log_3 \dfrac{30}{10} = \log_3 3 = 1$

(3) $\log_7 30 + \log_7 \dfrac{1}{30} = \log_7 \dfrac{30}{30} = \log_7 1 = 0$

例題 64.3　次の式を対数の性質を用いて簡単にせよ。

$$\log_2 60 + \log_2 \dfrac{9}{14} + \log_2 \dfrac{7}{135}$$

解答

$$\log_2 60 + \log_2 \dfrac{9}{14} + \log_2 \dfrac{7}{135} = \log_2 \left(60\cdot \dfrac{9}{14}\cdot \dfrac{7}{135}\right) = \log_2 2 = 1$$

ドリル no.64   class   no   name

問題 64.1 次の式を対数の性質を用いて簡単にせよ。

(1)　$\log_2 \sqrt[5]{8}$

(2)　$\log_3 \sqrt[4]{27}$

(3)　$\log_2 \dfrac{8}{3} + \log_2 6$

(4)　$\log_3 18 + \log_3 \dfrac{1}{18}$

(5)　$\log_5 \sqrt{45} + \log_5 \dfrac{5}{3}$

(6)　$\dfrac{1}{2} \log_3 5 - \log_3 \dfrac{\sqrt{5}}{3}$

問題 64.2 次の式を対数の性質を用いて簡単にせよ。

(1)　$\log_2 \dfrac{1}{45} - \log_2 6 + \log_2 135$

(2)　$\log_2 \dfrac{18}{7} - \log_2 \dfrac{6}{49} + \log_2 \dfrac{8}{21}$

チェック項目	月 日	月 日
対数の性質を用いて計算することができる。		

65　底の変換公式

底の変換公式を理解している。(公式を用いて計算ができる。)

底の変換公式　a, b, c が正の数で，$a \neq 1, c \neq 1$ のとき
$$\log_a b = \frac{\log_c b}{\log_c a}$$

例題 65.1 次の対数を，10 を底とする対数で表せ。

(1)　$\log_3 5$　　　　　　　　　　(2)　$\log_4 10$

解答

(1) 底の変換公式において，$a=3, b=5, c=10$ とおいて
$$\log_3 5 = \frac{\log_{10} 5}{\log_{10} 3}$$

(2) 底の変換公式において，$a=4, b=10, c=10$ とおき，$\log_{10} 10 = 1$ に注意して
$$\log_4 10 = \frac{\log_{10} 10}{\log_{10} 4} = \frac{1}{\log_{10} 2^2} = \frac{1}{2 \log_{10} 2}$$

例題 65.2　$\log_3 2 = a$ のとき，$\log_4 6$ を a で表せ。

解答　底の変換公式を用いて底を 3 であらわすと，
$$\log_4 6 = \frac{\log_3 6}{\log_3 4} = \frac{\log_3 (2 \cdot 3)}{\log_3 2^2} = \frac{\log_3 2 + \log_3 3}{2 \log_3 2} = \frac{a+1}{2a}$$

例題 65.3　$a > 0, b > 0, a \neq 1, b \neq 1$ のとき，等式 $\log_a b \cdot \log_b a = 1$ を証明せよ。

解答　底を a に揃えれば
$$\log_a b \cdot \log_b a = \log_a b \cdot \frac{\log_a a}{\log_a b} = 1$$

例題 65.4　$\log_4 3 \cdot \log_3 2$ を簡単にせよ。

解答　底を 3 に揃えれば
$$\log_4 3 \cdot \log_3 2 = \frac{\log_3 3}{\log_3 4} \log_3 2 = \frac{\log_3 3}{\log_3 2^2} \log_3 2 = \frac{1}{2 \log_3 2} \log_3 2 = \frac{1}{2}$$

ドリル no.65　　class　　　no　　　name

問題 65.1　次の対数を，10を底とする対数で表せ。

(1)　$\log_3 7$　　　　(2)　$\log_5 2$　　　　(3)　$\log_4 100$

問題 65.2　$\log_5 2 = a$ のとき，次の各式を a で表せ。

(1)　$\log_{10} 2$　　　　(2)　$\log_{\sqrt{5}} 8$　　　　(3)　$\log_{25} 0.25$

問題 65.3　次の式を簡単にせよ。

(1)　$\log_4 9 \cdot \log_3 2$　　　　(2)　$\log_4 125 \cdot \log_5 4$　　　　(3)　$\log_4 27 \cdot \log_3 5 \cdot \log_5 8$

問題 65.4　a, b, c はいずれも 1 に等しくない正の数のとき，等式 $\log_a b \cdot \log_b c \cdot \log_c a = 1$ を証明せよ。

チェック項目	月　日	月　日
底の変換公式を理解している。(公式を用いて計算ができる。)		

66 対数関数のグラフ

> 対数関数のグラフが描ける。漸近線を求めることができる。

対数関数 a を 1 でない正の整数とするとき, $y = \log_a x$ で表される関数を, a を底とする対数関数という。

対数関数の性質 対数関数 $y = \log_a x$ $(a > 0, a \neq 1)$ について

[1] 定義域は $x > 0$, 値域は実数全体である。

[2] グラフは点 $(1, 0)$ および点 $(a, 1)$ を通る。

[3] グラフは y 軸を漸近線とする。

[4] $a > 1$ のとき単調に増加し, $0 < a < 1$ のとき単調に減少する。

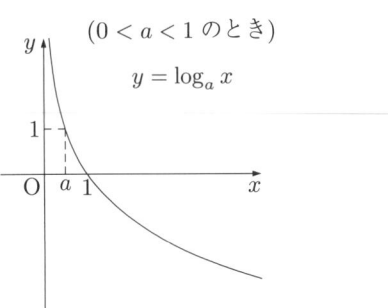

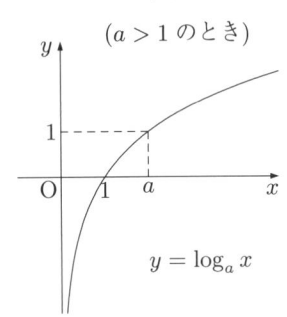

例題 66.1 次の関数のグラフを描け。

(1) $y = \log_2 x$ (2) $y = \log_3(-x)$ (3) $y = \log_{\frac{1}{2}}(x-1)$

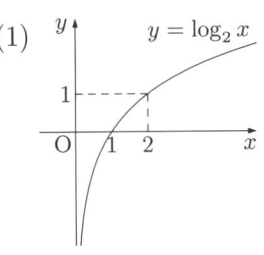

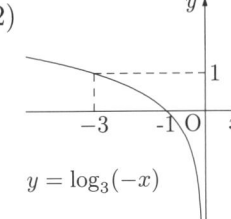

解答

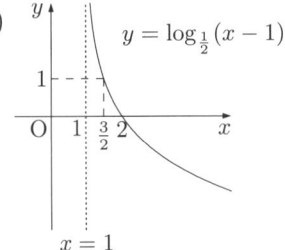

例題 66.2 次の関数のグラフを描き, $y = \log_3 x$ のグラフとの位置関係を説明せよ。

(1) $y = \log_3(x - 2)$ (2) $y = \log_3 3x$

解答

(1) このグラフは $y = \log_3 x$ のグラフを x 軸方向に 2 だけ平行移動したものである。漸近線は $x = 2$ である。

(2) $y = \log_3 3x = \log_3 3 + \log_3 x = \log_3 x + 1$ なので, このグラフは $y = \log_3 x$ のグラフを y 軸方向に 1 だけ平行移動したものである。漸近線は y 軸 ($x = 0$) である。

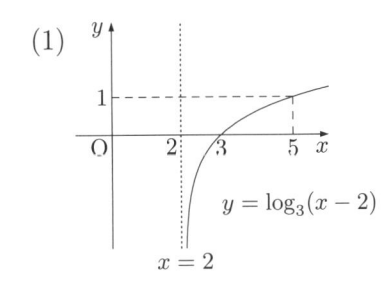

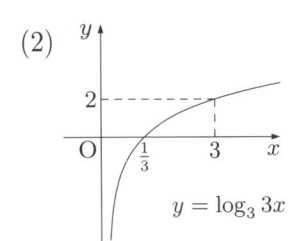

ドリル **no.66**　class　　　no　　　name

問題 66.1 次の関数のグラフを描け。

(1) $y = \log_3 x$

(2) $y = \log_2 (-x)$

(3) $y = \log_2 4x$

(4) $y = \log_3 (x+3)$

問題 66.2 次の関数のグラフを描き，$y = \log_2 x$ のグラフとの位置関係を説明せよ。

(1) $y = \log_2 2x$

(2) $y = \log_2 \dfrac{x}{4}$

(3) $y = \log_2 \dfrac{1}{x}$

チェック項目　　　　　　　　　　　　　　　　月　日　月　日

対数関数のグラフが描ける。漸近線を求めることができる。

67 対数方程式・不等式

> 対数関数の方程式と不等式を解くことができる。

対数関数の増加・減少 対数関数 $y = \log_a x$ $(a > 0, a \neq 1)$ は $a > 1$ のとき単調に増加し，$0 < a < 1$ のとき単調に減少する。

例題 67.1 次の関数の ( ) 内の定義域に対する値域を求めよ。

(1) $y = \log_{10} x$ $(0.01 < x < 1000)$ (2) $y = \log_{\frac{1}{2}} x$ $(0.25 < x \leq 32)$

解答

(1) $y = \log_{10} x$ は底が 1 より大きく単調に増加するから

$$\log_{10} 0.01 < \log_{10} x < \log_{10} 1000$$
$$\log_{10} 10^{-2} < \log_{10} x < \log_{10} 10^3$$
$$-2 < \log_{10} x < 3$$

よって値域は $-2 < y < 3$ である。

(2) $y = \log_{\frac{1}{2}} x$ は底が 1 より小さく単調に減少するから

$$\log_{\frac{1}{2}} 0.25 > \log_{\frac{1}{2}} x \geq \log_{\frac{1}{2}} 32$$
$$\log_{\frac{1}{2}} \left(\frac{1}{2}\right)^2 > \log_{\frac{1}{2}} x \geq \log_{\frac{1}{2}} \left(\frac{1}{2}\right)^{-5}$$
$$2 > \log_{\frac{1}{2}} x \geq -5$$

よって値域は $-5 \leq y < 2$ である。

例題 67.2 次の方程式, 不等式を解け。

(1) $\log_2 2x = 4$ (2) $-1 \leq \log_2(x+1)$

解答

(1) 真数は正であるから $2x > 0$, つまり $x > 0$ である。右辺は $4 = \log_2 16$ なので, $\log_2 2x = \log_2 16$ となる。これで両辺の底がそろったので, 真数を比較して $2x = 16$ より, $x = 8$ が得られる。これは, 真数条件 $x > 0$ を満たしている。

(2) まず真数は正なので $x + 1 > 0$, すなわち

$$x > -1 \quad \cdots\cdots\cdots\cdots\cdots ①$$

また, 与えられた不等式から $-1 = \log_2 2^{-1}$ なので

$$\log_2 2^{-1} \leq \log_2(x+1), \quad 2^{-1} \leq x+1, \quad \frac{1}{2} \leq x+1, \quad -\frac{1}{2} \leq x \quad \cdots\cdots\cdots\cdots ②$$

①, ② より $x \geq -\dfrac{1}{2}$

ドリル no.67　class　　　no　　　name

問題 67.1 次の関数の ( ) 内の定義域に対する値域を求めよ。

(1) $y = \log_2 x \quad \left(\dfrac{1}{16} < x < \sqrt[5]{16}\right)$

(2) $y = \log_{\frac{1}{3}} x \quad \left(\dfrac{1}{9} \leq x < 27\right)$

問題 67.2 次の各組の数の大小を比べよ。

(1) $\log_{10} 3, \ \log_{10} 5$

(2) $\log_{\frac{1}{3}} 0.5, \ \log_{\frac{1}{3}} 3$

問題 67.3 次の方程式, 不等式を解け。

(1) $\log_3(x+4) = 1$

(2) $-1 \leq \log_3(x-1)$

(3) $\log_{\frac{1}{3}} x < 4$

(4) $\log_2(5-x) \leq 3$

チェック項目	月　日	月　日
対数関数の方程式と不等式を解くことができる。		

68 常用対数

> 常用対数の定義，性質を理解している。(性質を用いて計算ができる。)

---

10 を底とする対数を常用対数という。

[1]　　$\log_{10} 1 = 0, \quad \log_{10} 10 = 1, \quad \log_{10} 100 = \log_{10} 10^2 = 2$

[2]　　M が n 桁の整数 $\Leftrightarrow n-1 \leqq \log_{10} M < n$

例題 68.1　$\log_{10} 2 = 0.3010, \log_{10} 3 = 0.4771$ とするとき，次の値を求めよ。

(1)　$\log_{10} 6$　　　　　　　　　　(2)　$\log_{10} 5$

解答

(1)　$\log_{10} 6 = \log_{10}(2 \cdot 3)$
　　　　　$= \log_{10} 2 + \log_{10} 3$
　　　　　$= 0.3010 + 0.4771$
　　　　　$= 0.7781$

(2)　$\log_{10} 5 = \log_{10}\left(\dfrac{10}{2}\right)$
　　　　　$= \log_{10} 10 - \log_{10} 2$
　　　　　$= 1 - 0.3010$
　　　　　$= 0.6990$

例題 68.2　対数表を用いて，2^{100} の近似値を $a \times 10^n$ （n は整数で $1 \leqq a < 10$）の形に表せ。

解答　$2^{100} = a \times 10^n$ とおく。両辺の常用対数をとって

$$\begin{aligned}
\log_{10} 2^{100} &= \log_{10}(a \times 10^n) \\
100 \log_{10} 2 &= \log_{10} a + \log_{10} 10^n \\
100 \times 0.3010 &= \log_{10} a + n \\
30.1 &= \log_{10} a + n
\end{aligned}$$

$1 \leqq a < 10$ より $0 \leqq \log_{10} a < 1$ となるので，$n = 30, \log_{10} a = 0.1$
常用対数の値がもっとも 0.1 に近い真数の値を常用対数表からさがして $a = 1.26$
よって，$2^{100} = 1.26 \times 10^{30}$

例題 68.3　光がある種のガラス板を 1 枚透過するごとに，その明るさが 8% 失われるという。このガラス板を何枚重ねると，透過した光の明るさがはじめの 20% 以下になるか。

解答　1 枚透過するごとに明るさは 0.92 倍になるから，n 枚重ねるとはじめの 20% 以下になるとすると $0.92^n \leqq 0.2$ 両辺の常用対数をとって $\log_{10} 0.92^n \leqq \log_{10} 0.2$

$$\begin{aligned}
\log_{10} 0.92^n &\leqq \log_{10} 0.2 \\
n \log_{10} \dfrac{9.2}{10} &\leqq \log_{10} \dfrac{2}{10} \\
n(\log_{10} 9.2 - \log_{10} 10) &\leqq \log_{10} 2 - \log_{10} 10 \\
n(0.9638 - 1) &\leqq 0.3010 - 1 \\
(-0.0362)n &\leqq -0.699 \\
n &\geqq 19.309
\end{aligned}$$

よって，20 枚

ドリル no.68　　class　　　no　　　　name

問題 68.1　$\log_{10} 2 = 0.3010, \log_{10} 3 = 0.4771$ とするとき，次の値を求めよ。

(1)　$\log_5 12$　　　　　　　　　　　(2)　$\log_6 15$

問題 68.2　対数表を用いて，次の数の近似値を $a \times 10^n$　（n は整数で $1 \leqq a < 10$）の形に表せ。

(1)　1.25^{100}　　　　　　　　　　　(2)　3^{-20}

問題 68.3　5^{10} は何桁の数か。

問題 68.4　光がある種のガラス板を1枚透過するごとに，その明るさが4%失われるという。このガラス板を何枚重ねると，透過した光の明るさがはじめの半分以下になるか。$\log_{10} 2 = 0.3010$，$\log_{10} 3 = 0.4771$ を用いて計算せよ。

チェック項目	月	日	月	日
常用対数の定義，性質を理解している。 （性質を用いて計算ができる。）				

69 鋭角の三角比

鋭角の三角比の定義を理解している。

鋭角の三角比

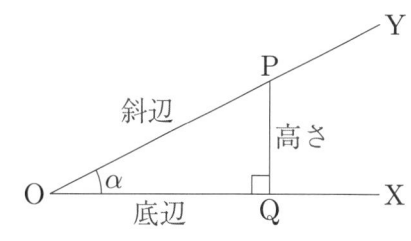

$$\sin\alpha = \frac{高さ}{斜辺}, \qquad \cos\alpha = \frac{底辺}{斜辺}, \qquad \tan\alpha = \frac{高さ}{底辺}$$

三角定規の辺の長さ

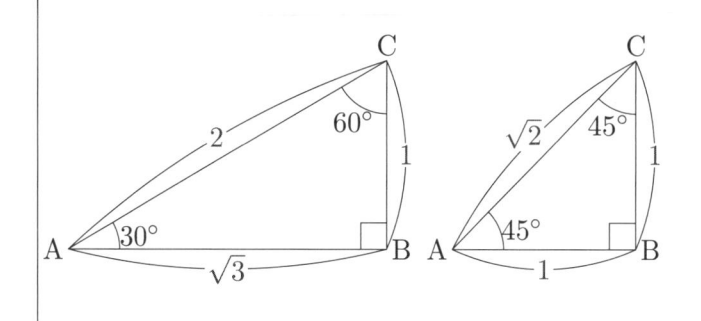

α	$30°$	$45°$	$60°$
$\sin\alpha$	$\dfrac{1}{2}$	$\dfrac{1}{\sqrt{2}}$	$\dfrac{\sqrt{3}}{2}$
$\cos\alpha$	$\dfrac{\sqrt{3}}{2}$	$\dfrac{1}{\sqrt{2}}$	$\dfrac{1}{2}$
$\tan\alpha$	$\dfrac{1}{\sqrt{3}}$	1	$\sqrt{3}$

$30°, 45°, 60°$ の三角比

例題 69.1 △ABC において, $AB = 4$, $BC = 3$, $\angle A = \alpha$, $\angle B = 90°$ のとき, $\sin\alpha, \cos\alpha, \tan\alpha$ の値を求めよ。

解答 三平方の定理により $CA = \sqrt{4^2 + 3^2} = \sqrt{16 + 9} = \sqrt{25} = 5$ だから

$$\sin\alpha = \frac{3}{5}, \qquad \cos\alpha = \frac{4}{5}, \qquad \tan\alpha = \frac{3}{4}$$

例題 69.2 次の直角三角形において, $\sin\alpha, \cos\alpha, \tan\alpha$ を求めよ。

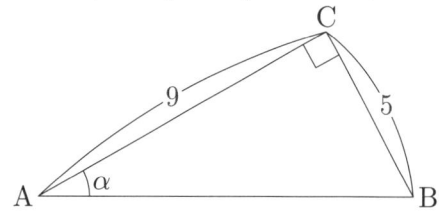

解答 三平方の定理により $AB = \sqrt{9^2 + 5^2} = \sqrt{81 + 25} = \sqrt{106}$ だから

$$\sin\alpha = \frac{5}{\sqrt{106}}, \qquad \cos\alpha = \frac{9}{\sqrt{106}}, \qquad \tan\alpha = \frac{5}{9}$$

例題 69.3 次の三角比の値を求めよ。

(1) $\sin 30°$ (2) $\cos 45°$ (3) $\tan 60°$

解答

(1) $\sin 30° = \dfrac{1}{2}$ (2) $\cos 45° = \dfrac{1}{\sqrt{2}}$ (3) $\tan 60° = \dfrac{\sqrt{3}}{1} = \sqrt{3}$

ドリル no.69   class   no   name

問題 69.1 三角関数表を用いて，次の三角比を求めよ。

(1) $\sin 71°$ (2) $\cos 23°$ (3) $\tan 88°$

問題 69.2 三角関数表を用いて，次の等式をみたす鋭角 α を求めよ。

(1) $\sin\alpha = 0.1908$ (2) $\cos\alpha = 0.9659$ (3) $\tan\alpha = 0.9004$

問題 69.3 次の直角三角形において，α の三角比を求めよ。

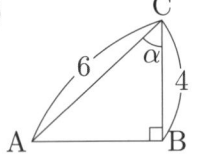

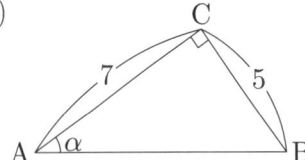

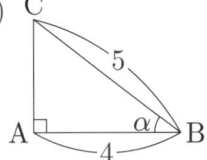

(1) 三角形 ABC，$\angle B = 90°$，$AC = 6$，$BC = 4$，$\angle C = \alpha$
(2) 三角形 ABC，$\angle C = 90°$，$AC = 7$，$BC = 5$，$\angle A = \alpha$
(3) 三角形 ABC，$\angle A = 90°$，$BC = 5$，$AB = 4$，$\angle B = \alpha$

問題 69.4 次の三角比の値を求めよ。

(1) $\sin 60°$ (2) $\cos 30°$ (3) $\tan 45°$

問題 69.5 x, y の値を α の三角比を使って表せ。

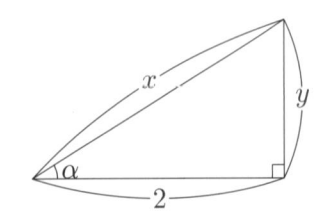

（直角三角形，底辺 $= 2$，斜辺 $= x$，対辺 $= y$，底角 α）

チェック項目	月 日	月 日
鋭角の三角比の定義を理解している。		

70　三角比の計算

> 基本公式 $\sin^2\theta + \cos^2\theta = 1$ を用いて三角比の計算ができる。

三角関数の基本公式

[1]　$\tan\theta = \dfrac{\sin\theta}{\cos\theta}$

[2]　$\sin^2\theta + \cos^2\theta = 1$

[3]　$\tan^2\theta + 1 = \dfrac{1}{\cos^2\theta}$

注意：項目 73 までは 0°〜180° までを扱い，60分法で表す。

＜関連項目 76＞

例題 70.1　α が鋭角で，$\sin\alpha = \dfrac{1}{3}$ のとき $\cos\alpha$, $\tan\alpha$ の値を求めよ。

解答　公式 [2] と α が鋭角であることより，$\cos\alpha > 0$ であるから

$$\cos\alpha = \sqrt{1 - \sin^2\alpha} = \sqrt{1 - \left(\dfrac{1}{3}\right)^2} = \sqrt{\dfrac{8}{9}} = \dfrac{2\sqrt{2}}{3}$$

次に，公式 [1] より，　　$\tan\alpha = \dfrac{\sin\alpha}{\cos\alpha} = \dfrac{\frac{1}{3}}{\frac{2\sqrt{2}}{3}} = \dfrac{1}{2\sqrt{2}} = \dfrac{\sqrt{2}}{4}$

例題 70.2　α が鈍角で，$\tan\alpha = -\dfrac{1}{2}$ のとき $\cos\alpha$, $\sin\alpha$ の値を求めよ。

解答　公式 [3] より，

$$\dfrac{1}{\cos^2\alpha} = \left(-\dfrac{1}{2}\right)^2 + 1 = \dfrac{5}{4}$$　いま，α が鈍角であることより $\cos\alpha < 0$ であるから

$$\cos\alpha = -\dfrac{2}{\sqrt{5}} = -\dfrac{2\sqrt{5}}{5}$$

次に，公式 [1] から，$\sin\alpha = \tan\alpha \cdot \cos\alpha$ であるから

$$\sin\alpha = -\dfrac{1}{2} \cdot \left(-\dfrac{2\sqrt{5}}{5}\right) = \dfrac{\sqrt{5}}{5}$$

例題 70.3　α を鋭角とする。等式 $\sin\alpha = 2\cos\alpha$ が成り立っているとき，$\sin\alpha$ と $\cos\alpha$ の値を求めよ。

解答　公式 [1] に条件式を代入すると，

$$(2\cos\alpha)^2 + \cos^2\alpha = 1 \quad \therefore \quad \cos^2\alpha = \dfrac{1}{5}$$

これより $\cos\alpha = \pm\dfrac{1}{\sqrt{5}} = \pm\dfrac{\sqrt{5}}{5}$ を得る。いま α が鋭角だから $\cos\alpha > 0$

したがって　$\cos\alpha = \dfrac{\sqrt{5}}{5}$ となる。さらに条件式より

$$\sin\alpha = 2\cos\alpha = \dfrac{2\sqrt{5}}{5}$$

ドリル **no.70**　class　　　no　　　name

問題 **70.1**　α が鋭角で, $\cos\alpha = \dfrac{1}{4}$ のとき, $\sin\alpha, \tan\alpha$ の値を求めよ。

問題 **70.2**　α が鈍角で, $\sin\alpha = \dfrac{2}{3}$ のとき $\cos\alpha, \tan\alpha$ の値を求めよ。

問題 **70.3**　α が鈍角で, $\tan\alpha = -\dfrac{3}{4}$ のとき $\cos\alpha, \sin\alpha$ の値を求めよ。

問題 **70.4**　α が鋭角で, 等式 $\sin\alpha = \sqrt{2}\cos\alpha$ が成り立っているとき, $\sin\alpha$ と $\cos\alpha$ の値を求めよ。

チェック項目	月　日	月　日
基本公式 $\sin^2\theta + \cos^2\theta = 1$ を用いて三角比の計算ができる。		

71 余弦定理

余弦定理を用いて三角形の辺の長さや角の大きさを求めることができる。

余弦定理

[1] $\quad a^2 = b^2 + c^2 - 2bc\cos A, \quad \cos A = \dfrac{b^2+c^2-a^2}{2bc}$

[2] $\quad b^2 = c^2 + a^2 - 2ca\cos B, \quad \cos B = \dfrac{c^2+a^2-b^2}{2ca}$

[3] $\quad c^2 = a^2 + b^2 - 2ab\cos C, \quad \cos C = \dfrac{a^2+b^2-c^2}{2ab}$

注意：△ABC の辺の長さと角の大きさについて，AB $= c$, BC $= a$, CA $= b$, ∠A $= A$, ∠B $= B$, ∠C $= C$ と書く。

例題 71.1 △ABC において $b=4$, $c=2$, $A=120°$ であるとき, a, $\cos B$, $\cos C$ の値を求めよ。

解答
$$a^2 = b^2 + c^2 - 2bc\cos A = 4^2 + 2^2 - 2\cdot 4 \cdot 2 \cdot \cos 120° = 28$$

より，$a = 2\sqrt{7}$

$$\cos B = \dfrac{c^2+a^2-b^2}{2ca} = \dfrac{2^2+(2\sqrt{7})^2-4^2}{2\cdot 2 \cdot 2\sqrt{7}} = \dfrac{2}{\sqrt{7}}$$

$$\cos C = \dfrac{a^2+b^2-c^2}{2ab} = \dfrac{(2\sqrt{7})^2+4^2-2^2}{2\cdot 2\sqrt{7} \cdot 4} = \dfrac{5}{2\sqrt{7}}$$

例題 71.2 △ABC において $a=3$, $b=2\sqrt{2}$, $c=\sqrt{5}$ であるとき, $\cos A$, $\cos B$, $\cos C$ の値を求めよ。

解答

$$\cos A = \dfrac{b^2+c^2-a^2}{2bc} = \dfrac{(2\sqrt{2})^2+(\sqrt{5})^2-3^2}{2\cdot 2\sqrt{2}\cdot\sqrt{5}} = \dfrac{1}{\sqrt{10}}$$

$$\cos B = \dfrac{c^2+a^2-b^2}{2ca} = \dfrac{(\sqrt{5})^2+3^2-(2\sqrt{2})^2}{2\cdot\sqrt{5}\cdot 3} = \dfrac{1}{\sqrt{5}}$$

$$\cos C = \dfrac{a^2+b^2-c^2}{2ab} = \dfrac{3^2+(2\sqrt{2})^2-(\sqrt{5})^2}{2\cdot 3\cdot 2\sqrt{2}} = \dfrac{1}{\sqrt{2}}$$

ドリル no.71　　class　　　no　　　　name

問題 71.1　△ABC において次の問いに答えよ。

(1) $a = 3\sqrt{3}, b = 2, C = 150°$ のとき, c を求めよ。

(2) $a = 3, b = 4, c = \sqrt{13}$ のとき, C を求めよ。

(3) $a = 2, b = 3, c = \sqrt{2}$ のとき, $\sin A$ の値を求めよ。

チェック項目	月　日	月　日
余弦定理を用いて三角形の辺の長さや角の大きさを求めることができる。		

72 正弦定理

正弦定理を用いて三角形の辺の長さや角の大きさを求めることができる。

正弦定理 R を $\triangle ABC$ の外接円の半径とするとき，次が成り立つ。

[1] $\quad \dfrac{a}{2R} = \sin A, \quad \dfrac{b}{2R} = \sin B, \quad \dfrac{c}{2R} = \sin C$

[2] $\quad \dfrac{a}{\sin A} = \dfrac{b}{\sin B} = \dfrac{c}{\sin C} = 2R$

例題 72.1 $\triangle ABC$ において $a=3, b=2\sqrt{3}, C=150°$ であるとき，外接円の半径 R を求めよ。

解答 余弦定理より

$$c^2 = a^2 + b^2 - 2ab\cos C = 3^2 + (2\sqrt{3})^2 - 2\cdot 3 \cdot 2\sqrt{3}\cdot \cos 150° = 39$$

したがって $c = \sqrt{39}$ となるので，正弦定理より

$$R = \frac{1}{2}\cdot\frac{c}{\sin C} = \frac{1}{2}\cdot\frac{\sqrt{39}}{\sin 150°} = \frac{1}{2}\cdot\frac{\sqrt{39}}{\frac{1}{2}} = \sqrt{39}$$

例題 72.2 等式 $b\sin A = c\sin B$ が成り立つとき，$\triangle ABC$ はどのような三角形か。

解答 正弦定理より，

$$\sin A = \frac{a}{2R}, \quad \sin B = \frac{b}{2R}$$

が成り立つので，条件の式に代入すると，

$$b\cdot\frac{a}{2R} = c\cdot\frac{b}{2R}$$
$$\frac{b}{2R}(a-c) = 0$$

$\dfrac{b}{2R} \neq 0$ だから

$$a - c = 0$$

よって，$a=c$，すなわち $BC = AB$ の 2 等辺三角形である。

ドリル no.72　class　　no　　name

問題 72.1 △ABC について次の問いに答えよ。

(1) $a = 3\sqrt{2}, A = 135°$ のとき, 外接円の半径 R を求めよ。

(2) $a = 2\sqrt{3}, B = 150°, c = 1$ のとき, 外接円の半径 R を求めよ。

(3) $a = 3, b = 3\sqrt{2}, A = 30°$ のとき, B を求めよ。

問題 72.2 等式 $a\sin A + b\sin B = c\sin C$ が成り立つとき, $\triangle ABC$ はどのような三角形か。

チェック項目	月 日	月 日
正弦定理を用いて三角形の辺の長さや角の大きさを求めることができる。		

73 三角形の面積

辺の長さや角の大きさから三角形の面積を求めることができる。

三角形の面積 △ABC の面積 S は
$$S = \frac{1}{2}ab\sin C = \frac{1}{2}bc\sin A = \frac{1}{2}ca\sin B$$

ヘロンの公式
$$S = \sqrt{s(s-a)(s-b)(s-c)} \qquad \text{ただし}, s = \frac{a+b+c}{2}$$

例題 73.1 次のような三角形の面積を求めよ。
(1) $a=4, b=\sqrt{3}, C=60°$
(2) $a=2, b=3, c=4$

解答

(1) 面積 $S = \frac{1}{2}ab\sin C = \frac{1}{2}\cdot 4 \cdot \sqrt{3} \cdot \sin 60° = 3$

(2) $\frac{1}{2}(2+3+4) = \frac{9}{2}$ なのでヘロンの公式により

$$\sqrt{\frac{9}{2}\left(\frac{9}{2}-2\right)\left(\frac{9}{2}-3\right)\left(\frac{9}{2}-4\right)} = \frac{3\sqrt{15}}{4}$$

(別解)

余弦定理により $\cos C = -\frac{1}{4}$ だから, $\sin C = \frac{\sqrt{15}}{4}$ となる。

これから $S = \frac{1}{2}ab\sin C$ を用いても求めることができる。

例題 73.2 $a=3, b=4$ のとき △ABC の面積 $S=3$ となるような C を定めよ。

解答 $S = \frac{1}{2}ab\sin C$ より

$$\frac{1}{2}\cdot 3 \cdot 4 \cdot \sin C = 3$$
$$\sin C = \frac{1}{2}$$

よって, $C = 30°, 150°$

ドリル **no.73**　class　　　no　　　name

問題 73.1 次のような三角形の面積を求めよ。

(1) $a = 2\sqrt{3},\, c = 1,\, B = 120°$

(2) $A = 45°,\, b = 3,\, c = 2$

(3) $a = 2,\, b = 3,\, c = 2$

問題 73.2 $b = 12, c = 5$ のとき $\triangle ABC$ の面積 $S = 30$ となるような A を定めよ。

チェック項目	月　日	月　日
辺の長さや角の大きさから三角形の面積を求めることができる。		

74 一般角と弧度法

一般角・弧度法の定義を理解している。

動径と一般角 原点を端点とする半直線を動径という。動径の，x 軸の正の部分と重なった位置からの回転を表す角を一般角という。1 回転を超えてもよいものとし，回転は左回りを正の回転として符号をつけて表す。

60 分法と弧度法 円周上に半径 r と等しい長さの弧をとったとき，その中心角の大きさを 1 [rad] (ラジアン) と定める。これを単位として角度を表す方法を弧度法という。60 分法と弧度法の関係について次が成り立つ。

$$\pi \text{ [rad]} = 180°, \quad 1° = \frac{\pi}{180} \text{ [rad]}, \quad 1 \text{ [rad]} = \frac{180°}{\pi} = 57.2957\cdots°$$

注意 : 以下，単位 [rad] を省略するが，60 分法の単位 ° は省略できない。

例題 74.1 次の角を $\alpha + 360° \times n$ (n は整数) の形で表せ。ただし，$0° \leqq \alpha < 360°$ とする。

(1) $960°$ (2) $-960°$

解答

(1) 960 を 360 で割ると，商は 2 で余りは 240 である。よって $960° = 240° + 360° \times 2$ が成り立つ。

(2) $360° \times (-3) < -960° < 360° \times (-2)$ より，$-960° = 120° + 360° \times (-3)$

例題 74.2 次の角を $\alpha + 2n\pi$ (n は整数) の形で表せ。ただし，$0 \leqq \alpha < 2\pi$ とする。

(1) $\dfrac{13}{6}\pi$ (2) $-\dfrac{13}{6}\pi$

解答

(1) $\dfrac{13}{6}\pi = \dfrac{\pi}{6} + 2\pi$

(2) (1) より $-\dfrac{13}{6}\pi = -\dfrac{\pi}{6} - 2\pi = \dfrac{11}{6}\pi + 2 \cdot (-2) \cdot \pi$

例題 74.3 次の角度について，60 分法は弧度法に，弧度法は 60 分法に直せ。

(1) $30°$ (2) $75°$ (3) $\dfrac{2}{3}\pi$ (4) $-\dfrac{3}{4}\pi$

解答 換算式から $\alpha° = \dfrac{\alpha\pi}{180}$ [rad], θ [rad] $= \dfrac{180°}{\pi} \cdot \theta$ が成り立つ。

(1) $30° = \dfrac{30\pi}{180} = \dfrac{\pi}{6}$ (2) $75° = \dfrac{75\pi}{180} = \dfrac{5\pi}{12}$

(3) $\dfrac{2}{3}\pi = \dfrac{180°}{\pi} \cdot \dfrac{2}{3}\pi = 120°$ (4) $-\dfrac{3}{4}\pi = \dfrac{180°}{\pi} \cdot \left(-\dfrac{3}{4}\pi\right) = -135°$

例題 74.4 次の角は第何象限の角か。

(1) $510°$ (2) $-\dfrac{11\pi}{4}$

解答

(1) $510° = 150° + 360° \times 1$ より第 2 象限。 (2) $-\dfrac{11\pi}{4} = \dfrac{5\pi}{4} + 2 \cdot (-2)\pi$ より第 3 象限。

ドリル no.74　　class　　　no　　　name

問題 74.1 次の角を $\alpha + 360° \times n$ (n は整数) の形で表せ。(ただし α は 60 分法，$0 \leq \alpha < 360°$)

(1) $765°$ 　　　　　　　　　　　(2) $-450°$

問題 74.2 次の角を $\alpha + 2n\pi$ (n は整数) の形で表せ。(ただし α は弧度法，$0 \leq \alpha < 2\pi$)

(1) $\dfrac{19}{3}\pi$ 　　　　　　　　　(2) $-\dfrac{13}{4}\pi$

問題 74.3 次の角度を弧度法で表せ。

(1) $60°$ 　　　　(2) $-45°$ 　　　　(3) $330°$

問題 74.4 次の角度を 60 分法で表せ。

(1) $\dfrac{\pi}{6}$ 　　　　(2) $-\dfrac{\pi}{2}$ 　　　　(3) $\dfrac{5}{3}\pi$

問題 74.5 次の角は第何象限の角か。

(1) $1110°$ 　　　　　　　　　　(2) $-\dfrac{10\pi}{3}$

チェック項目	月 日	月 日
一般角・弧度法の定義を理解している。		

75 扇形の弧の長さと面積

> 弧度法を使って，扇形の弧の長さと面積を計算することができる。

扇形の弧の長さと面積　半径 r，中心角 θ (ラジアン) の扇形の弧の長さ l と面積 S は，

$$l = r\theta, \qquad S = \frac{1}{2}r^2\theta = \frac{1}{2}rl$$

例題 75.1　半径 $r = 8$ [cm]，中心角 $\alpha = 135°$ の扇形の弧の長さ l と面積 S を求めよ。

解答　α を弧度法 θ で表すと，$\theta = \dfrac{\pi}{180}\alpha$ より，

$$\theta = \frac{\pi}{180} \cdot 135 = \frac{3}{4}\pi$$

となる。よって，扇形の弧の長さ l は，$l = r\theta$ より，

$$l = 8 \cdot \frac{3}{4}\pi = 6\pi \text{ [cm]}$$

扇形の面積 S は，$S = \dfrac{1}{2}r^2\theta$ より，

$$S = \frac{1}{2} \cdot 8^2 \cdot \frac{3}{4}\pi = 24\pi \text{ [cm}^2\text{]}$$

例題 75.2　半径 2 の円周上にある長さ 5 の弧に対応する中心角の大きさを弧度法で表せ。

解答　中心角を θ ラジアンとすると，$2\theta = 5$ であるから，$\theta = \dfrac{5}{2}$ ラジアンとなる。

(注意)　この問題を 60 分法で解こうとすれば，

$$360° \cdot \frac{\text{弧の長さ}}{\text{円周の長さ}} = 360° \cdot \frac{5}{2 \cdot 2\pi} = \frac{450°}{\pi}$$

となる。このことからも，弧度法の便利さがわかる。

例題 75.3　点 O を中心とする半径 10 cm の円周上を，点 P が 1 秒間に 20° の速さで動いている。点 A を (10, 0)，点 B を (0, 10) とする。

(1) P が始めに A の位置にいたとする。P の動いた距離が 100 [cm] になるのは P がスタートしてから何秒後か。

(2) P が始めに B の位置にいたとする。扇形 BPO の面積が 25π [cm^2] になるときの P の位置を求めよ。

解答

(1) P の回転した角度を θ ラジアンとすると，$10\theta = 100$ より，$\theta = 10$ ラジアンとなる。1 秒に回転する角度は $20° = \dfrac{\pi}{180} \cdot 20 = \dfrac{\pi}{9}$ ラジアンなので，10 ラジアン回転するのは

$$10 \div \frac{\pi}{9} = 10 \cdot \frac{9}{\pi} = \frac{90}{\pi} \quad \text{[秒後]}$$

(2) P の回転した角度を θ ラジアンとすると，$\dfrac{1}{2} \cdot 10^2 \theta = 25\pi$ より，$\theta = \dfrac{\pi}{2}$ ラジアンとなる。B の位置から $\dfrac{\pi}{2}$ ラジアン (90°) 回転しているので，P の位置は $(-10, 0)$ となる。

ドリル no.75   class   no   name

問題 75.1 次の扇形の弧の長さを求めよ。

(1) 半径 4 cm, 中心角 $\dfrac{\pi}{4}$

(2) 半径 2 cm, 中心角 100°

問題 75.2 次の扇形の面積を求めよ。

(1) 半径 3 cm, 中心角 $\dfrac{2}{9}\pi$

(2) 半径 2 cm, 中心角 130°

問題 75.3 半径 3 の円周上にある長さ ℓ の弧に対応する中心角の大きさを弧度法で表せ。

(1) $\ell = 2.4$

(2) $\ell = \pi$

問題 75.4 点 O を中心とし, 半径 4 cm の円周上を点 P が 1 秒間に 15° の速さで動いている。点 A を (4, 0), 点 B を (0, 4) とする。

(1) P が始めに A の位置にいたとする。扇形 APO の面積が 40 [cm^2] になるのは, P がスタートしてから何秒後か。

(2) P が始めに B の位置にいたとする。P の動いた距離が 100π [cm] になるときの P の位置を求めよ。

チェック項目	月 日	月 日
弧度法を使って, 扇形の弧の長さと面積を計算することができる。		

76 一般角の三角関数

一般角の三角関数の定義を理解し，重要な角の三角関数の値を求めることができる。

定義 (一般角の三角関数) 原点を中心とする半径 1 の円 (単位円) と一般角 θ (ラジアン) の動径との交点を $\mathrm{P}(X, Y)$ とする。

$$\sin\theta = Y$$

$$\cos\theta = X$$

$$\tan\theta = \frac{Y}{X}$$

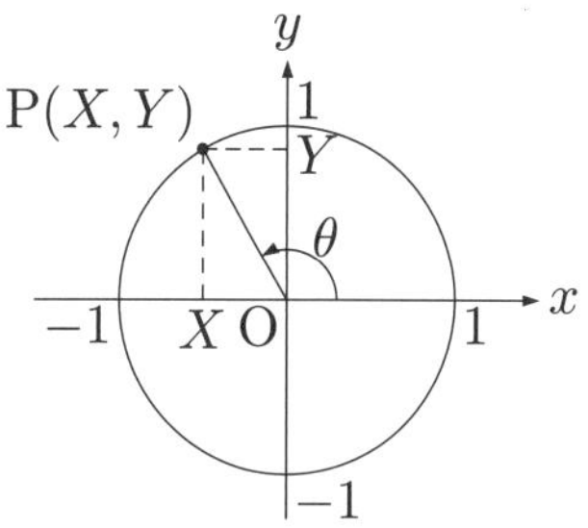

参考：上記以外に $\operatorname{cosec}\theta = \dfrac{1}{\sin\theta}, \sec\theta = \dfrac{1}{\cos\theta}, \cot\theta = \dfrac{1}{\tan\theta}$ と定める。

注意：以後の角度は弧度法のみを扱う。

例題 76.1 次の関数の符号を求めよ。

(1) $\cos\theta \quad \left(\dfrac{\pi}{2} < \theta < \pi\right)$ 　　(2) $\tan\theta \quad \left(3\pi < \theta < \dfrac{7\pi}{2}\right)$ 　　(3) $\cos 2\theta \quad \left(\dfrac{\pi}{4} < \theta < \dfrac{3}{4}\pi\right)$

解答

(1) $\dfrac{\pi}{2} < \theta < \pi$ のとき θ は第 2 象限の角なので，$X < 0$ から $\cos\theta = X < 0$

(2) $3\pi < \theta < \dfrac{7\pi}{2}$ のとき θ は第 3 象限の角なので，$X < 0, Y < 0$ から $\tan\theta = \dfrac{Y}{X} > 0$

(3) $\dfrac{\pi}{4} < \theta < \dfrac{3}{4}\pi$ のとき，$\dfrac{\pi}{2} < 2\theta < \dfrac{3}{2}\pi$ から，$X < 0$ なので，$\cos 2\theta = X < 0$

例題 76.2 次の角の三角関数の値を求めよ。

(1) $\dfrac{4}{3}\pi$ 　　　　　　　　　　　　　　(2) $-\dfrac{\pi}{4} + 2n\pi$ （n は整数）

解答

(1) 下図 (1) で，P の座標は，$\left(-\dfrac{1}{2}, -\dfrac{\sqrt{3}}{2}\right)$ である。ゆえに，

$$\sin\frac{4}{3}\pi = -\frac{\sqrt{3}}{2}, \quad \cos\frac{4}{3}\pi = -\frac{1}{2}, \quad \tan\frac{4}{3}\pi = \sqrt{3}$$

(2) 下図 (2) で，P の座標は，$\left(\dfrac{1}{\sqrt{2}}, -\dfrac{1}{\sqrt{2}}\right)$ である。ゆえに，

$$\sin\left(-\frac{\pi}{4} + 2n\pi\right) = -\frac{1}{\sqrt{2}}, \quad \cos\left(-\frac{\pi}{4} + 2n\pi\right) = \frac{1}{\sqrt{2}}, \quad \tan\left(-\frac{\pi}{4} + 2n\pi\right) = -1$$

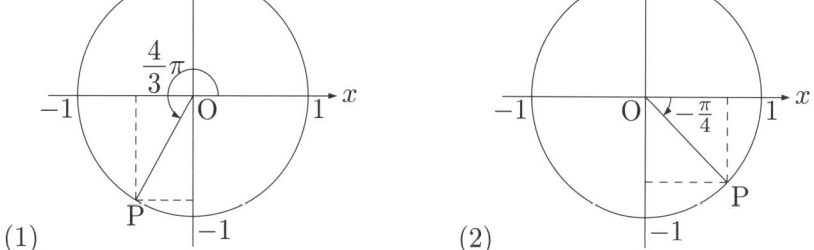

(1) 　　　　　　　　　　　　　　(2)

ドリル no.76　　class　　　no　　　name

問題 76.1　次の関数の符号を求めよ。

(1) $\sin\theta$　$(-\pi < \theta < 0)$

(2) $\dfrac{1}{\sin\theta}$　$(0 < \theta < \pi)$

(3) $\tan\theta$　$\left(\dfrac{9\pi}{2} < \theta < 5\pi\right)$

(4) $\dfrac{1}{\cos\theta}$　$\left(-\dfrac{\pi}{2} < \theta < \dfrac{\pi}{2}\right)$

(5) $\cos\theta\sin\theta$　$\left(\pi < \theta < \dfrac{3}{2}\pi\right)$

(6) $\sin 2\theta$　$\left(-\pi < \theta < -\dfrac{1}{2}\pi\right)$

問題 76.2　次の角の三角関数の値を求めよ。ただし n は整数である。

(1) $\dfrac{5}{6}\pi$

(2) $\dfrac{4}{3}\pi$

(3) 7π

(4) $-\dfrac{5}{2}\pi$

(5) $-\dfrac{17}{6}\pi$

(6) $\dfrac{13}{4}\pi + 2n\pi$

チェック項目	月　日	月　日
一般角の三角関数の定義を理解し，重要な角の三角関数の値を求めることができる。		

77　三角関数の相互関係

三角関数の相互関係を理解している。

三角関数の相互関係

[1] $\tan\theta = \dfrac{\sin\theta}{\cos\theta}$

[2] $\sin^2\theta + \cos^2\theta = 1$

[3] $1 + \tan^2\theta = \dfrac{1}{\cos^2\theta}\ (=\sec^2\theta)$

例題 77.1 等式 $1 + \dfrac{1}{\tan^2\theta} = \dfrac{1}{\sin^2\theta}$ を証明せよ。

解答

$$左辺 = 1 + \dfrac{1}{\tan^2\theta} = 1 + \dfrac{\cos^2\theta}{\sin^2\theta} = \dfrac{\sin^2\theta+\cos^2\theta}{\sin^2\theta} = \dfrac{1}{\sin^2\theta} = 右辺$$

例題 77.2 θ が第4象限の角で，$\cos\theta = \dfrac{2}{7}$ のとき，$\sin\theta, \tan\theta$ を求めよ。

解答　まず θ が第4象限の角なので，$\sin\theta < 0, \tan\theta < 0$ である。$\sin^2\theta + \cos^2\theta = 1$ だから，

$$\sin^2\theta = 1 - \dfrac{4}{49} = \dfrac{45}{49}$$

$\sin\theta < 0$ なので，$\sin\theta = -\dfrac{3\sqrt{5}}{7}$ となる。また，

$$\tan\theta = \dfrac{\sin\theta}{\cos\theta} = -\dfrac{3\sqrt{5}}{7} \div \dfrac{2}{7} = -\dfrac{3\sqrt{5}}{2}$$

例題 77.3 θ が第2象限の角で，$\tan\theta = -2$ のとき，$\sin\theta, \cos\theta$ を求めよ。

解答　まず θ が第2象限の角なので，$\sin\theta > 0, \cos\theta < 0$ である。$1+\tan^2\theta = \dfrac{1}{\cos^2\theta}$ だから，

$$\cos^2\theta = \dfrac{1}{1+\tan^2\theta} = \dfrac{1}{1+(-2)^2} = \dfrac{1}{5}$$

$\cos\theta < 0$ なので，$\cos\theta = -\dfrac{\sqrt{5}}{5}$ となる。また，$\dfrac{\sin\theta}{\cos\theta} = \tan\theta$ なので

$$\sin\theta = \tan\theta\cos\theta = -2 \cdot \left(-\dfrac{\sqrt{5}}{5}\right) = \dfrac{2\sqrt{5}}{5}$$

例題 77.4 θ が第3象限の角で，$\cos\theta = 3\sin\theta$ のとき，$\sin\theta$ の値を求めよ。

解答　まず θ が第3象限の角なので，$\cos\theta < 0, \sin\theta < 0$ である。$\sin^2\theta + \cos^2\theta = 1$ より，

$$\sin^2\theta + 9\sin^2\theta = 1$$
$$\sin^2\theta = \dfrac{1}{10}$$

$\sin\theta < 0$ なので，$\sin\theta = -\dfrac{\sqrt{10}}{10}$ である。

ドリル no.77　　class　　　no　　　name

問題 77.1　等式 $\dfrac{\cos\theta}{1-\sin\theta} - \dfrac{\sin\theta}{\cos\theta} = \dfrac{1}{\cos\theta}$ が成り立つことを証明せよ。

問題 77.2　θ が第4象限の角で，$\sin\theta = -\dfrac{2}{5}$ のとき，$\cos\theta, \tan\theta$ を求めよ。

問題 77.3　θ が第3象限の角で，$\tan\theta = 5$ のとき，$\sin\theta, \cos\theta$ を求めよ。

問題 77.4　θ が第2象限の角で，$\sin\theta = -2\cos\theta$ を満たすとき，$\sin\theta$ の値を求めよ。

チェック項目　　　　　　　　　　　　　　　　　　月　日　月　日

三角関数の相互関係を理解している。

78　三角関数の性質

> 単位円を利用して三角関数の性質を導くことができる。

三角関数の性質

[1]　　$\sin(-\theta) = -\sin\theta,$　　　$\cos(-\theta) = \cos\theta,$　　　$\tan(-\theta) = -\tan\theta$

[2]　　$\sin\left(\dfrac{\pi}{2} - \theta\right) = \cos\theta,$　　$\cos\left(\dfrac{\pi}{2} - \theta\right) = \sin\theta,$　　$\tan\left(\dfrac{\pi}{2} - \theta\right) = \dfrac{1}{\tan\theta}$

[3]　　$\sin\left(\dfrac{\pi}{2} + \theta\right) = \cos\theta,$　　$\cos\left(\dfrac{\pi}{2} + \theta\right) = -\sin\theta,$　　$\tan\left(\dfrac{\pi}{2} + \theta\right) = -\dfrac{1}{\tan\theta}$

[4]　　$\sin(\pi - \theta) = \sin\theta,$　　$\cos(\pi - \theta) = -\cos\theta,$　　$\tan(\pi - \theta) = -\tan\theta$

[5]　　$\sin(\pi + \theta) = -\sin\theta,$　　$\cos(\pi + \theta) = -\cos\theta,$　　$\tan(\pi + \theta) = \tan\theta$

例題 78.1　図を描いて，$\sin\left(\dfrac{\pi}{2} + \theta\right) = \cos\theta,$ $\cos\left(\dfrac{\pi}{2} + \theta\right) = -\sin\theta$ が成り立つことを確かめよ。また，これらを使って $\tan\left(\dfrac{\pi}{2} + \theta\right) = -\dfrac{1}{\tan\theta}$ であることを導け。

解答　単位円を描き，円周と角 θ の動径との交点を P，角 $\dfrac{\pi}{2} + \theta$ の動径との交点を Q とする。点 P, Q の座標はそれぞれ　$\mathrm{P}(\cos\theta, \sin\theta),$　$\mathrm{Q}\left(\cos\left(\dfrac{\pi}{2} + \theta\right), \sin\left(\dfrac{\pi}{2} + \theta\right)\right)$ となる。

したがって右図から，
$$\sin\left(\dfrac{\pi}{2} + \theta\right) = \cos\theta, \quad \cos\left(\dfrac{\pi}{2} + \theta\right) = -\sin\theta$$
が確かめられる。また，これらによって
$$\tan\left(\dfrac{\pi}{2} + \theta\right) = \dfrac{\sin\left(\dfrac{\pi}{2} + \theta\right)}{\cos\left(\dfrac{\pi}{2} + \theta\right)} = \dfrac{\cos\theta}{-\sin\theta} = -\dfrac{\dfrac{\cos\theta}{\cos\theta}}{\dfrac{\sin\theta}{\cos\theta}} = -\dfrac{1}{\tan\theta}$$
が得られる。

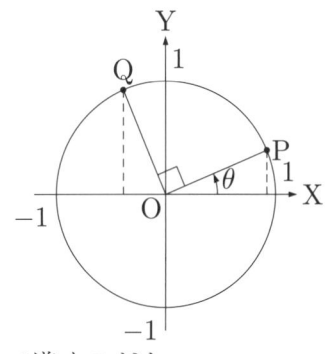

(注意)　実際，三角関数の性質は丸暗記するのでなく，このようにして導くのがよい。

例題 78.2　$\sin\theta = x$ $(0 < \theta < \dfrac{\pi}{2})$ として，次の値を x を用いて表せ。

(1)　$\cos\theta$　　　　　　　　(2)　$\cos(\dfrac{\pi}{2} - \theta)$　　　　　　(3)　$\sin(\pi - \theta)$

(4)　$\cos(-\theta)$　　　　　　(5)　$\sin(\dfrac{3}{2}\pi - \theta)$　　　　　(6)　$\tan(\pi + \theta)$

解答

(1)　$\cos^2\theta = 1 - \sin^2\theta = 1 - x^2,$ $\cos\theta > 0$ より　$\cos\theta = \sqrt{1 - x^2}$

(2)　性質 [2] より　$\cos(\dfrac{\pi}{2} - \theta) = \sin\theta = x$

(3)　性質 [4] より　$\sin(\pi - \theta) = \sin\theta = x$

(4)　性質 [1] より　$\cos(-\theta) = \cos\theta = \sqrt{1 - x^2}$

(5)　性質 [5]，[3] より　$\sin(\dfrac{3}{2}\pi - \theta) = \sin\{\pi + (\dfrac{\pi}{2} - \theta)\} = -\sin(\dfrac{\pi}{2} - \theta) = -\cos\theta$
　　$= -\sqrt{1 - x^2}$

(6)　性質 [5] より　$\tan(\pi + \theta) = \tan\theta = \dfrac{\sin\theta}{\cos\theta} = \dfrac{x}{\sqrt{1 - x^2}}$

ドリル no.78   class   no   name

問題 78.1
(1) 右図に角 $-\theta$ の動径を書け。
(2) 図を用いて次の三角関数を θ の三角関数で表せ。

$\sin(-\theta) =$

$\cos(-\theta) =$

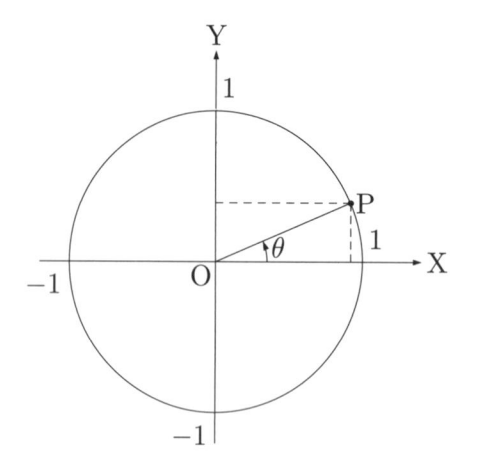

$\tan(-\theta) =$

問題 78.2
(1) 右図に角 $\theta - \dfrac{\pi}{2}$ の動径を書け。
(2) 図を用いて次の三角関数を θ の三角関数で表せ。

$\sin\left(\theta - \dfrac{\pi}{2}\right) =$

$\cos\left(\theta - \dfrac{\pi}{2}\right) =$

$\tan\left(\theta - \dfrac{\pi}{2}\right) =$

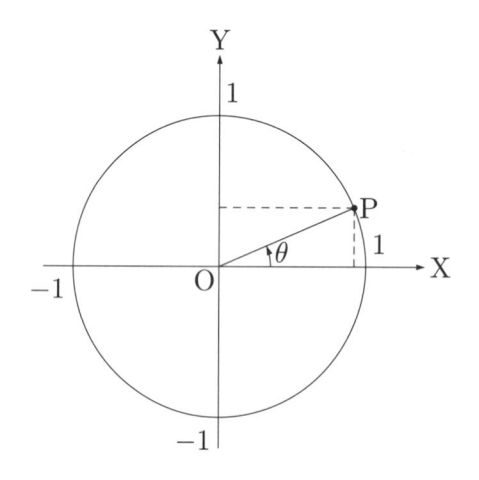

問題 78.3 $\cos\theta = x \ \left(0 < \theta < \dfrac{\pi}{2}\right)$ とするとき，次の三角関数の値を x を用いて表せ。

(1) $\sin\theta$ (2) $\cos(\theta - \pi)$ (3) $\sin(-\theta)$

(4) $\cos\left(\dfrac{3}{2}\pi + \theta\right)$ (5) $\tan(\pi + \theta)$ (6) $\tan\left(\theta - \dfrac{3}{2}\pi\right)$

チェック項目	月 日	月 日
単位円を利用して三角関数の性質を導くことができる。		

79 正弦関数のグラフ

$y = \sin x$ のグラフを描くことができる。

$y = \sin x$ のグラフ

[1] $\sin(-x) = -\sin x$ であるから $y = \sin x$ は奇関数であり，グラフは原点について対称である。

[2] $\sin(x + 2\pi) = \sin x$ であり，周期は 2π である。

[3] $-1 \leqq \sin x \leqq 1$ であり，$y = \sin x$ の最大値は 1，最小値は -1 である。

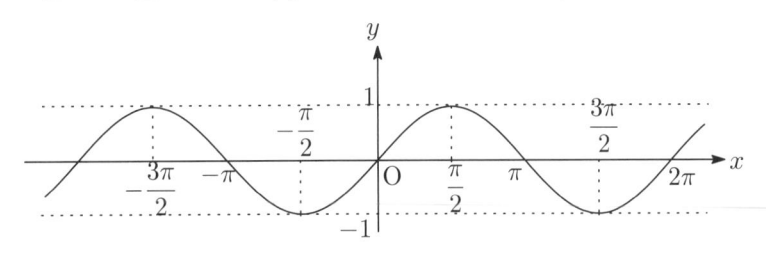

例題 79.1 次の空欄を埋めて，グラフを描け。

(1) $y = \sin\left(x - \dfrac{\pi}{4}\right)$ のグラフは，$y = ($ ① $)$ のグラフを $($ ② $)$ 軸方向に $($ ③ $)$ だけ $($ ④ $)$ 移動したものだから，周期は $y = \sin x$ と変わらず $($ ⑤ $)$ で，最大値は $($ ⑥ $)$，最小値は $($ ⑦ $)$ である。

(2) $y = 2\sin x$ のグラフは，$y = ($ ① $)$ のグラフを $($ ② $)$ 軸方向に $($ ③ $)$ 倍に $($ ④ $)$ したものだから，周期は $y = \sin x$ と変わらず $($ ⑤ $)$ で，最大値は $($ ⑥ $)$，最小値は $($ ⑦ $)$ である。

(3) $y = \sin 2x$ のグラフは，$y = ($ ① $)$ のグラフを $($ ② $)$ 軸方向に $($ ③ $)$ 倍に $($ ④ $)$ したものだから，周期は $y = \sin x$ の $($ ⑤ $)$ 倍となり $($ ⑥ $)$ で，最大値は $($ ⑦ $)$，最小値は $($ ⑧ $)$ である。

解答

(1) ① $\sin x$ ② x ③ $\dfrac{\pi}{4}$ ④ 平行 ⑤ 2π ⑥ 1 ⑦ -1

(2) ① $\sin x$ ② y ③ 2 ④ 拡大 ⑤ 2π ⑥ 2 ⑦ -2

(3) ① $\sin x$ ② x ③ $\dfrac{1}{2}$ ④ 縮小 ⑤ $\dfrac{1}{2}$ ⑥ π ⑦ 1 ⑧ -1

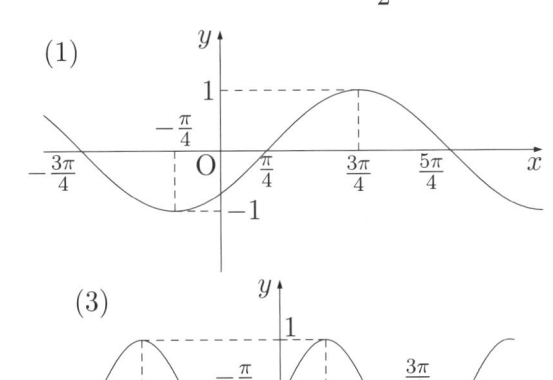

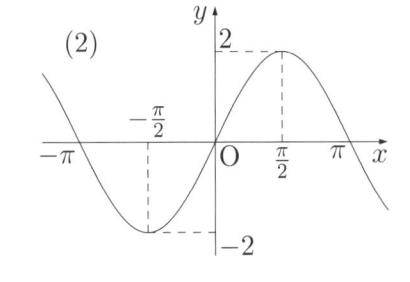

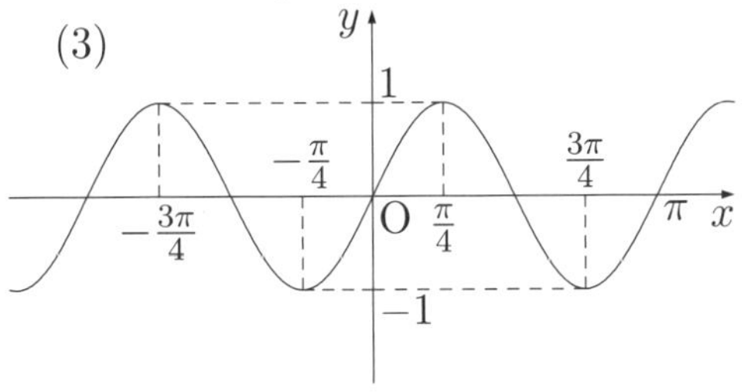

ドリル **no.79**　class　　　no　　　name

問題 79.1 次の空欄を埋めて，グラフを描け。

(1) $y = \sin\left(x + \dfrac{\pi}{3}\right)$ のグラフは，$y = (\ ①\ )$ のグラフを $(\ ②\ )$ 軸方向に $(\ ③\ )$ だけ $(\ ④\ )$ 移動したものだから，周期は $y = \sin x$ と変わらず $(\ ⑤\ )$ で，最大値は $(\ ⑥\ )$，最小値は $(\ ⑦\ )$ である。

(2) $y = \dfrac{1}{2}\sin x$ のグラフは，$y = (\ ①\ )$ のグラフを $(\ ②\ )$ 軸方向に $(\ ③\ )$ 倍に $(\ ④\ )$ したものだから，周期は $(\ ⑤\ )$ で，最大値は $(\ ⑥\ )$，最小値は $(\ ⑦\ )$ である。

(3) $y = \sin \dfrac{1}{2}x$ のグラフは，$y = (\ ①\ )$ のグラフを $(\ ②\ )$ 軸方向に $(\ ③\ )$ 倍に $(\ ④\ )$ したものだから，周期は $(\ ⑤\ )$ で，最大値は $(\ ⑥\ )$，最小値は $(\ ⑦\ )$ である。

チェック項目	月　日	月　日
$y = \sin x$ のグラフを描くことができる。		

80 余弦関数のグラフ

> $y = \cos x$ のグラフを描くことができる。

$y = \cos x$ のグラフ

[1] $\cos(-x) = \cos x$ であるから, $y = \cos x$ は偶関数であり, グラフは y 軸に関して対称である。

[2] $\cos(x + 2\pi) = \cos x$ であるから周期は 2π である。

[3] $-1 \leqq \cos x \leqq 1$ であり, 最大値は 1 で最小値は -1 である。

[4] $\cos x = \sin\left(x + \dfrac{\pi}{2}\right)$ であるから $y = \cos x$ のグラフは $y = \sin x$ のグラフを x 軸方向に $-\dfrac{\pi}{2}$ だけ平行移動したものである。

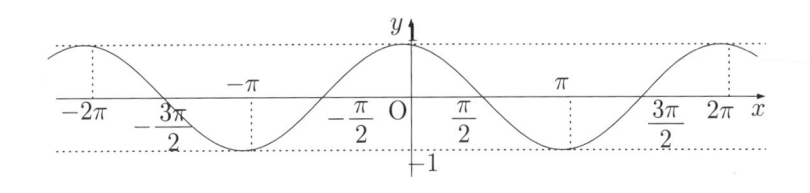

例題 80.1 次の空欄を埋めて, グラフを描け。

(1) $y = \cos\left(x - \dfrac{\pi}{4}\right)$ のグラフは, $y = ($ ① $)$ のグラフを (②) 軸方向に (③) だけ (④) 移動したものだから, 周期は $y = \cos x$ と変わらず (⑤) で, 最大値は (⑥), 最小値は (⑦) である。

(2) $y = 2\cos x$ のグラフは, $y = ($ ① $)$ のグラフを (②) 軸方向に (③) 倍に (④) したものだから, 周期は $y = \sin x$ と変わらず (⑤) で, 最大値は (⑥), 最小値は (⑦) である。

(3) $y = \cos 2x$ のグラフは, $y = ($ ① $)$ のグラフを (②) 軸方向に (③) 倍に (④) したものだから, 周期は $y = \sin x$ の (⑤) 倍となり (⑥) で, 最大値は (⑦), 最小値は (⑧) である。

解答

(1) ① $\cos x$ ② x ③ $\dfrac{\pi}{4}$ ④ 平行 ⑤ 2π ⑥ 1 ⑦ -1

(2) ① $\cos x$ ② y ③ 2 ④ 拡大 ⑤ 2π ⑥ 2 ⑦ -2

(3) ① $\cos x$ ② x ③ $\dfrac{1}{2}$ ④ 縮小 ⑤ $\dfrac{1}{2}$ ⑥ π ⑦ 1 ⑧ -1

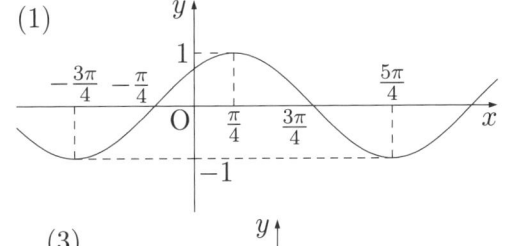

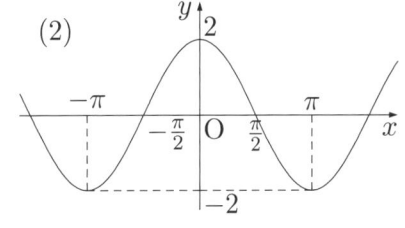

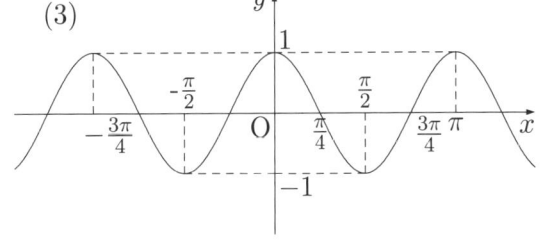

ドリル **no.80**　class　　no　　name

問題 80.1　次の空欄を埋めて，グラフを描け。

(1) $y = \cos\left(x + \dfrac{\pi}{6}\right)$ のグラフは，$y = ($ ① $)$ のグラフを (②) 軸方向に (③) だけ (④) 移動したものだから，周期は $y = \cos x$ と変わらず (⑤) で，最大値は (⑥)，最小値は (⑦) である。

(2) $y = \dfrac{1}{2}\cos x$ のグラフは，$y = ($ ① $)$ のグラフを (②) 軸方向に (③) 倍に (④) したものだから，周期は (⑤) で，最大値は (⑥)，最小値は (⑦) である。

(3) $y = \cos\dfrac{1}{2}x$ のグラフは，$y = ($ ① $)$ のグラフを (②) 軸方向に (③) 倍に (④) したものだから，周期は (⑤) で，最大値は (⑥)，最小値は (⑦) である。

チェック項目　　月　日　月　日

$y = \cos x$ のグラフを描くことができる。

81　正接関数のグラフ

$y = \tan x$ のグラフを描くことができる。

$y = \tan x$ のグラフ

[1]　$\tan(-x) = -\tan x$ であるから，$y = \tan x$ は奇関数であり，グラフは原点に関して対称である。

[2]　$\tan(x + \pi) = \tan x$ であり，周期は π である。

[3]　直線 $x = \dfrac{(2n+1)\pi}{2}$　(n は整数) が漸近線である。

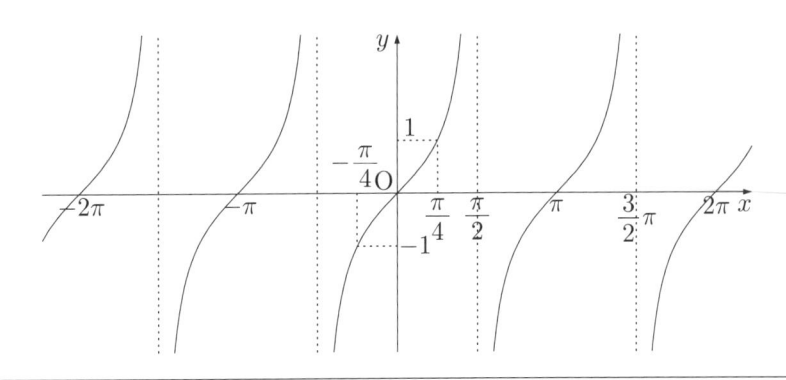

例題 81.1　次の空欄を埋めて，グラフを描け。

(1) $y = \tan\left(x - \dfrac{\pi}{4}\right)$ のグラフは，$y = ($　①　$)$ のグラフを $($　②　$)$ 軸方向に $($　③　$)$ だけ $($　④　$)$ 移動したものだから，周期は $y = \tan x$ と変わらず $($　⑤　$)$ である。

(2) $y = 2\tan x$ のグラフは，$y = ($　①　$)$ のグラフを $($　②　$)$ 軸方向に $($　③　$)$ 倍に $($　④　$)$ したものだから，周期は $y = \tan x$ と変わらず $($　⑤　$)$ である。

(3) $y = \tan 2x$ のグラフは，$y = ($　①　$)$ のグラフを $($　②　$)$ 軸方向に $($　③　$)$ 倍に $($　④　$)$ したものだから，周期は $y = \tan x$ の $($　⑤　$)$ 倍となり $($　⑥　$)$ である。

解答

(1) ① $\tan x$　② x　③ $\dfrac{\pi}{4}$　④ 平行　⑤ π

(2) ① $\tan x$　② y　③ 2　④ 拡大　⑤ π

(3) ① $\tan x$　② x　③ $\dfrac{1}{2}$　④ 縮小　⑤ $\dfrac{1}{2}$　⑥ $\dfrac{\pi}{2}$

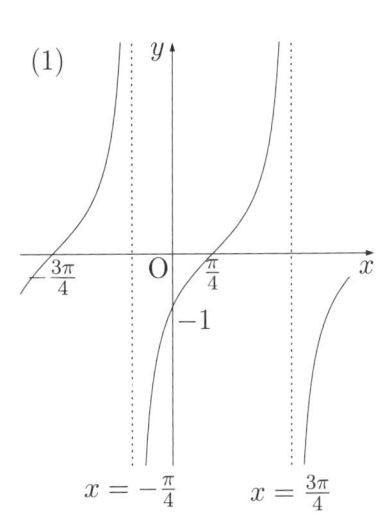

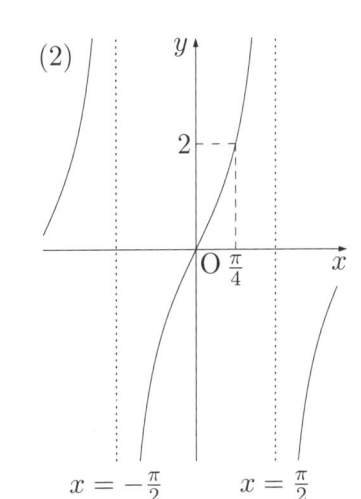

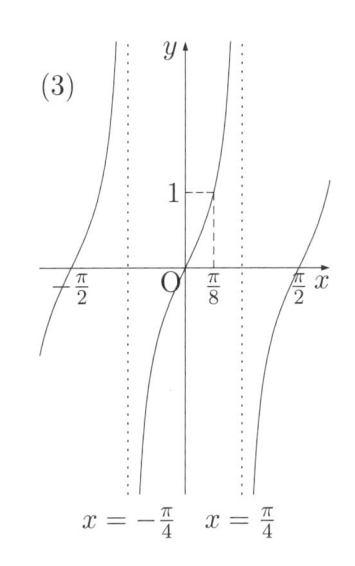

ドリル no.81　class　　no　　name

問題 81.1 次の空欄を埋めて，グラフを描け。

(1) $y = \tan\left(x + \dfrac{\pi}{4}\right)$ のグラフは，$y = ($ ① $)$ のグラフを $($ ② $)$ 軸方向に $($ ③ $)$ だけ $($ ④ $)$ 移動したものだから，周期は $y = \tan x$ と変わらず $($ ⑤ $)$ である。

(2) $y = \dfrac{1}{2}\tan x$ のグラフは，$y = ($ ① $)$ のグラフを $($ ② $)$ 軸方向に $($ ③ $)$ 倍に $($ ④ $)$ したものだから，周期は $($ ⑤ $)$ である。

(3) $y = \tan\dfrac{1}{2}x$ のグラフは，$y = ($ ① $)$ のグラフを $($ ② $)$ 軸方向に $($ ③ $)$ 倍に $($ ④ $)$ したものだから，周期は $($ ⑤ $)$ である。

チェック項目	月　日	月　日
$y = \tan x$ のグラフを描くことができる。		

82 三角関数のグラフの性質

> 三角関数のグラフを周期，平行移動，拡大・縮小の言葉を用いて説明することができる。

三角関数の振幅と周期

A	B	C
$y = \sin x$	$y = R\sin\omega x$	$y = R\sin\omega(x-\alpha)$
$y = \cos x$	$y = R\cos\omega x$	$y = R\cos\omega(x-\alpha)$
$y = \tan x$	$y = R\tan\omega x$	$y = R\tan\omega(x-\alpha)$

BのグラフはAのグラフをx軸方向に$\dfrac{1}{\omega}$倍，y軸方向にR倍したもので，CのグラフはBのグラフをx軸方向にαだけ平行移動したものである。特に$y = R\sin\omega x$, $y = R\cos\omega x$のグラフの振幅はR，周期は$\dfrac{2\pi}{\omega}$である。

例題 82.1 次の空欄を埋めて，グラフを描け。

$y = 2\sin\left(3x - \dfrac{\pi}{2}\right)$のグラフは，$y = 2\sin 3(\ (①)\ )$と変形できるので，$y = (\ ②\ )$のグラフを$x$軸方向に$(\ ③\ )$倍に$(\ ④\ )$，$y$軸方向に$(\ ⑤\ )$倍に$(\ ⑥\ )$し，さらに$(\ ⑦\ )$軸方向に$(\ ⑧\ )$だけ平行移動したものである。$y = \sin x$の周期は$(\ ⑨\ )$だったから，このグラフの周期は$(\ ⑩\ )$である。また振幅は$(\ ⑪\ )$である。

解答 ① $x - \dfrac{\pi}{6}$ ② $\sin x$ ③ $\dfrac{1}{3}$ ④ 縮小 ⑤ 2 ⑥ 拡大 ⑦ x ⑧ $\dfrac{\pi}{6}$ ⑨ 2π
⑩ $\dfrac{2\pi}{3}$ ⑪ 2

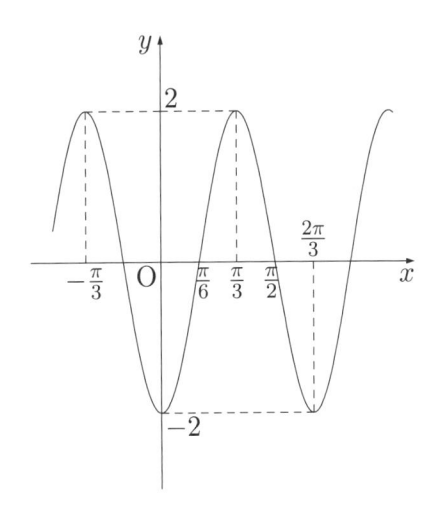

ドリル no.82   class   no   name

問題 82.1 次の空欄を埋めて，グラフを描け。

(1) $y = 2\cos(3x + \pi)$ のグラフは，$y = 2\cos 3(\ (①)\ )$ と変形できるので，$y = (\ ②\ )$ のグラフを x 軸方向に (③) 倍に (④)，y 軸方向に (⑤) 倍に (⑥) し，さらに (⑦) 軸方向に (⑧) だけ平行移動したものである。$y = \cos x$ の周期は (⑨) だったから，このグラフの周期は (⑩) である。また振幅は (⑪) である。

(2) $y = 2\sin\left(\dfrac{1}{2}x - \dfrac{\pi}{6}\right)$ のグラフは，$y = 2\sin\dfrac{1}{2}(\ (①)\ )$ と変形できるので，$y = (\ ②\ )$ のグラフを x 軸方向に (③) 倍に (④)，y 軸方向に (⑤) 倍に (⑥) し，さらに (⑦) 軸方向に (⑧) だけ平行移動したものである。$y = \sin x$ の周期は (⑨) だったから，このグラフの周期は (⑩) である。また振幅は (⑪) である。

チェック項目

	月 日	月 日
三角関数のグラフを周期，平行移動，拡大・縮小の言葉を用いて説明することができる。		

83　三角関数の加法定理

> 加法定理を覚えている。

加法定理　任意の角 α, β について次の式が成り立つ。

[1] $\quad \sin(\alpha \pm \beta) = \sin\alpha\cos\beta \pm \cos\alpha\sin\beta$

[2] $\quad \cos(\alpha \pm \beta) = \cos\alpha\cos\beta \mp \sin\alpha\sin\beta$ 　　　(複号同順)

[3] $\quad \tan(\alpha \pm \beta) = \dfrac{\tan\alpha \pm \tan\beta}{1 \mp \tan\alpha\tan\beta}$

例題 83.1　$\sin\dfrac{5}{12}\pi$ の値を求めよ。

解答　$\dfrac{5}{12}\pi = \dfrac{\pi}{4} + \dfrac{\pi}{6}$ と考えて加法定理を利用する。

$$\sin\dfrac{5}{12}\pi$$
$$= \sin\left(\dfrac{\pi}{4} + \dfrac{\pi}{6}\right) = \sin\dfrac{\pi}{4}\cos\dfrac{\pi}{6} + \cos\dfrac{\pi}{4}\sin\dfrac{\pi}{6}$$
$$= \dfrac{\sqrt{2}}{2} \cdot \dfrac{\sqrt{3}}{2} + \dfrac{\sqrt{2}}{2} \cdot \dfrac{1}{2} = \dfrac{\sqrt{6}+\sqrt{2}}{4}$$

例題 83.2　α が第 2 象限の角, β が第 3 象限の角で, $\cos\alpha = -\dfrac{3}{5}, \sin\beta = -\dfrac{5}{13}$ であるとき, 次の値を求めよ。

(1) $\sin(\alpha+\beta)$ 　　(2) $\sin(\alpha-\beta)$ 　　(3) $\cos(\alpha+\beta)$ 　　(4) $\cos(\alpha-\beta)$

解答　α が第 2 象限の角より $\sin\alpha > 0$, β が第 3 象限の角より $\cos\beta < 0$ であるから

$$\sin\alpha = \sqrt{1-\cos^2\alpha} = \sqrt{1-\left(-\dfrac{3}{5}\right)^2} = \dfrac{4}{5}$$
$$\cos\beta = -\sqrt{1-\sin^2\beta} = -\sqrt{1-\left(-\dfrac{5}{13}\right)^2} = -\dfrac{12}{13}$$

となる。したがって

(1) $\sin(\alpha+\beta) = \sin\alpha\cos\beta + \cos\alpha\sin\beta$
$$= \dfrac{4}{5} \cdot \left(-\dfrac{12}{13}\right) + \left(-\dfrac{3}{5}\right) \cdot \left(-\dfrac{5}{13}\right) = -\dfrac{33}{65}$$

(2) $\sin(\alpha-\beta) = \sin\alpha\cos\beta - \cos\alpha\sin\beta$
$$= \dfrac{4}{5} \cdot \left(-\dfrac{12}{13}\right) - \left(-\dfrac{3}{5}\right) \cdot \left(-\dfrac{5}{13}\right) = -\dfrac{63}{65}$$

(3) $\cos(\alpha+\beta) = \cos\alpha\cos\beta - \sin\alpha\sin\beta$
$$= -\dfrac{3}{5} \cdot \left(-\dfrac{12}{13}\right) - \dfrac{4}{5} \cdot \left(-\dfrac{5}{13}\right) = \dfrac{56}{65}$$

(4) $\cos(\alpha-\beta) = \cos\alpha\cos\beta + \sin\alpha\sin\beta$
$$= -\dfrac{3}{5} \cdot \left(-\dfrac{12}{13}\right) + \dfrac{4}{5} \cdot \left(-\dfrac{5}{13}\right) = \dfrac{16}{65}$$

ドリル no.83　　class　　　no　　　name

問題 83.1　$\dfrac{\pi}{12}=\dfrac{\pi}{4}-\dfrac{\pi}{6}$ であることを用いて，次の値を求めよ。

(1)　$\sin\dfrac{\pi}{12}$　　　　　(2)　$\cos\dfrac{\pi}{12}$　　　　　(3)　$\tan\dfrac{\pi}{12}$

問題 83.2　α が第 3 象限の角，β が第 2 象限の角で，$\cos\alpha=-\dfrac{4}{5}$，$\sin\beta=\dfrac{5}{13}$ であるとき，次の値を求めよ。

(1)　$\sin(\alpha+\beta)$　　　(2)　$\cos(\alpha+\beta)$　　　(3)　$\tan(\alpha+\beta)$

問題 83.3　α が第 4 象限の角，β が第 3 象限の角で，$\cos\alpha=\dfrac{1}{3}$，$\sin\beta=-\dfrac{1}{4}$ であるとき，次の値を求めよ。

(1)　$\sin(\alpha-\beta)$　　　(2)　$\cos(\alpha-\beta)$　　　(3)　$\tan(\alpha-\beta)$

チェック項目	月　日	月　日
加法定理を覚えている。		

84　2倍角・半角の公式

2倍角の公式・半角の公式を用いて三角関数の値を求めることができる。

2倍角の公式

[1]　$\sin 2\alpha = 2\sin\alpha \cos\alpha$

[2]　$\cos 2\alpha = \cos^2\alpha - \sin^2\alpha$
　　　　　$= 2\cos^2\alpha - 1$
　　　　　$= 1 - 2\sin^2\alpha$

[3]　$\tan 2\alpha = \dfrac{2\tan\alpha}{1 - \tan^2\alpha}$

半角の公式

[1]　$\sin^2\dfrac{\alpha}{2} = \dfrac{1 - \cos\alpha}{2}$

[2]　$\cos^2\dfrac{\alpha}{2} = \dfrac{1 + \cos\alpha}{2}$

[3]　$\tan^2\dfrac{\alpha}{2} = \dfrac{1 - \cos\alpha}{1 + \cos\alpha}$

例題 84.1　$\dfrac{3}{2}\pi < \alpha < 2\pi$，$\sin\alpha = -\dfrac{2}{3}$ であるとき，次の値を求めよ。

(1)　$\sin 2\alpha$　　　　(2)　$\cos\dfrac{\alpha}{2}$　　　　(3)　$\tan 2\alpha$　　　　(4)　$\tan\dfrac{\alpha}{2}$

解答　まず $\cos\alpha$ の値を求める。α は第4象限の角だから $\cos\alpha > 0$ である。よって，

$$\cos\alpha = \sqrt{1 - \sin^2\alpha} = \sqrt{1 - \left(-\dfrac{2}{3}\right)^2} = \dfrac{\sqrt{5}}{3}$$

(1) 2倍角の公式から　$\sin 2\alpha = 2\sin\alpha\cos\alpha = 2\cdot\left(-\dfrac{2}{3}\right)\cdot\dfrac{\sqrt{5}}{3} = -\dfrac{4\sqrt{5}}{9}$

(2) 半角の公式から　$\cos^2\dfrac{\alpha}{2} = \dfrac{1 + \cos\alpha}{2} = \dfrac{1 + \dfrac{\sqrt{5}}{3}}{2} = \dfrac{3 + \sqrt{5}}{6}$

α の条件から $\dfrac{3}{4}\pi < \dfrac{\alpha}{2} < \pi$ となり，$\dfrac{\alpha}{2}$ は第2象限の角であることが分かる。

したがって $\cos\dfrac{\alpha}{2} < 0$ である。よって $\cos\dfrac{\alpha}{2} = -\sqrt{\dfrac{3 + \sqrt{5}}{6}} = -\sqrt{\dfrac{6 + 2\sqrt{5}}{12}}$ になる。

2重根号をはずして $\cos\dfrac{\alpha}{2} = -\dfrac{\sqrt{15} + \sqrt{3}}{6}$ である。

(3) $\tan\alpha = \dfrac{\sin\alpha}{\cos\alpha} = \dfrac{-\dfrac{2}{3}}{\dfrac{\sqrt{5}}{3}} = -\dfrac{2}{\sqrt{5}}$ であるから，2倍角の公式より

$$\tan 2\alpha = \dfrac{2\tan\alpha}{1 - \tan^2\alpha} = \dfrac{2\left(-\dfrac{2}{\sqrt{5}}\right)}{1 - \left(-\dfrac{2}{\sqrt{5}}\right)^2} = -4\sqrt{5}$$

(4) 半角の公式より

$$\tan^2\dfrac{\alpha}{2} = \dfrac{1 - \cos\alpha}{1 + \cos\alpha} = \dfrac{1 - \dfrac{\sqrt{5}}{3}}{1 + \dfrac{\sqrt{5}}{3}} = \dfrac{7 - 3\sqrt{5}}{2}$$

$\dfrac{\alpha}{2}$ は第2象限の角だから $\tan\dfrac{\alpha}{2} < 0$，すなわち $\tan\dfrac{\alpha}{2} = -\sqrt{\dfrac{7 - 3\sqrt{5}}{2}} = \dfrac{\sqrt{5} - 3}{2}$ になる。

ドリル no.84　class　　no　　name

問題 84.1 α が第 3 象限の角で $\cos\alpha = -\dfrac{3}{5}$ のとき，次の値を求めよ。

(1) $\sin 2\alpha$ 　　　　　　　　(2) $\cos 2\alpha$

(3) $\sin\dfrac{\alpha}{2}$ 　　　　　　　　(4) $\cos\dfrac{\alpha}{2}$

問題 84.2 α が第 2 象限の角で $\tan\alpha = -2$ のとき，次の値を求めよ。

(1) $\sin 2\alpha$ 　　(2) $\cos 2\alpha$ 　　(3) $\tan 2\alpha$

(4) $\sin\dfrac{\alpha}{2}$ 　　(5) $\cos\dfrac{\alpha}{2}$ 　　(6) $\tan\dfrac{\alpha}{2}$

チェック項目	月 日	月 日
2 倍角の公式・半角の公式を用いて三角関数の値を求めることができる。		

85 積和・和積の公式

積和・和積の公式を使うことができる。

積を和・差に直す公式

[1] $\sin\alpha\cos\beta$
$= \dfrac{1}{2}\{\sin(\alpha+\beta) + \sin(\alpha-\beta)\}$

[2] $\cos\alpha\sin\beta$
$= \dfrac{1}{2}\{\sin(\alpha+\beta) - \sin(\alpha-\beta)\}$

[3] $\cos\alpha\cos\beta$
$= \dfrac{1}{2}\{\cos(\alpha+\beta) + \cos(\alpha-\beta)\}$

[4] $\sin\alpha\sin\beta$
$= -\dfrac{1}{2}\{\cos(\alpha+\beta) - \cos(\alpha-\beta)\}$

和・差を積に直す公式

[1] $\sin A + \sin B$
$= 2\sin\dfrac{A+B}{2}\cos\dfrac{A-B}{2}$

[2] $\sin A - \sin B$
$= 2\cos\dfrac{A+B}{2}\sin\dfrac{A-B}{2}$

[3] $\cos A + \cos B$
$= 2\cos\dfrac{A+B}{2}\cos\dfrac{A-B}{2}$

[4] $\cos A - \cos B$
$= -2\sin\dfrac{A+B}{2}\sin\dfrac{A-B}{2}$

例題 85.1 次の積を和・差の形に，和・差を積の形に直せ。

(1) $\sin 2x \sin x$　　　　　　　　　　(2) $\sin x + \sin 5x$

解答

(1) 積を和・差に直す公式により

$$\sin 2x \sin x = -\dfrac{1}{2}\{\cos(2x+x) - \cos(2x-x)\}$$
$$= -\dfrac{1}{2}(\cos 3x - \cos x) = \dfrac{1}{2}(\cos x - \cos 3x)$$

(2) 和・差を積に直す公式により

$$\sin x + \sin 5x = 2\sin\dfrac{x+5x}{2}\cos\dfrac{x-5x}{2} = 2\sin 3x \cos(-2x) = 2\sin 3x \cos 2x$$

例題 85.2 次の値を求めよ。

(1) $\sin\dfrac{5\pi}{12}\cos\dfrac{\pi}{12}$　　　　　　　　　(2) $\cos\dfrac{5\pi}{12} + \cos\dfrac{\pi}{12}$

解答

(1) 積を和・差に直す公式により

$$\sin\dfrac{5\pi}{12}\cos\dfrac{\pi}{12} = \dfrac{1}{2}\left\{\sin\left(\dfrac{5\pi}{12}+\dfrac{\pi}{12}\right) + \sin\left(\dfrac{5\pi}{12}-\dfrac{\pi}{12}\right)\right\}$$
$$= \dfrac{1}{2}\left(\sin\dfrac{\pi}{2} + \sin\dfrac{\pi}{3}\right) = \dfrac{1}{2}\left(1 + \dfrac{\sqrt{3}}{2}\right) = \dfrac{1}{2} + \dfrac{\sqrt{3}}{4}$$

(2) 和・差を積に直す公式により

$$\cos\dfrac{5\pi}{12} + \cos\dfrac{\pi}{12} = 2\cos\dfrac{\frac{5\pi}{12}+\frac{\pi}{12}}{2}\cos\dfrac{\frac{5\pi}{12}-\frac{\pi}{12}}{2}$$
$$= 2\cos\dfrac{\pi}{4}\cos\dfrac{\pi}{6} = 2\cdot\dfrac{1}{\sqrt{2}}\cdot\dfrac{\sqrt{3}}{2} = \dfrac{\sqrt{6}}{2}$$

ドリル **no.85**　class　　　no　　　name

問題 85.1　次の積を和・差の形に，和・差を積の形に直せ。

(1)　$\sin x \cos 2x$

(2)　$\cos x \cos 3x$

(3)　$3\cos 3x \sin 5x$

(4)　$\sin 2x + \sin x$

(5)　$\sin x - \sin 3x$

(6)　$2(\cos 2x - \cos 6x)$

問題 85.2　次の値を求めよ。

(1)　$\sin \dfrac{5\pi}{12} \sin \dfrac{\pi}{12}$

(2)　$\cos \dfrac{\pi}{12} - \cos \dfrac{5\pi}{12}$

チェック項目	月　日	月　日
積和・和積の公式を使うことができる。		

86　三角関数の合成

$\sin x, \cos x$ を合成してひとつの三角関数で表すことができる。

$a\sin x + b\cos x$ は，次のようにひとつの三角関数で表すことができる。

$$a\sin x + b\cos x = \sqrt{a^2+b^2}\sin(x+\alpha)$$

ただし，

$$\cos\alpha = \frac{a}{\sqrt{a^2+b^2}}, \qquad \sin\alpha = \frac{b}{\sqrt{a^2+b^2}}$$

角 α は，座標平面上に点 $\mathrm{P}(a,b)$ をとり，X 軸の正の向きを始線としたときの動径 OP の表す角である。

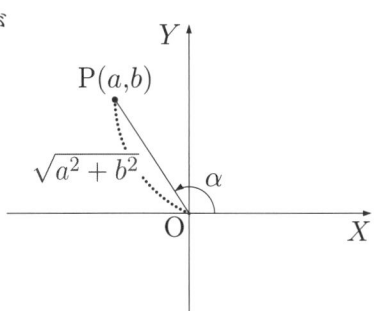

例題 86.1 次の式を $r\sin(x+\alpha)\ (r>0)$ の形で表せ。

(1)　$\sin x + \cos x$ 　　　　(2)　$5\sin x + 15\cos x$

解答

(1)　$r = \sqrt{1^2+1^2} = \sqrt{2}$, かつ $\cos\alpha = \frac{1}{\sqrt{2}}$, $\sin\alpha = \frac{1}{\sqrt{2}}$ より $\alpha = \frac{\pi}{4}$ である。よって

$$\sin x + \cos x = \sqrt{2}\sin\left(x+\frac{\pi}{4}\right)$$

(2)　$r = \sqrt{5^2+15^2} = \sqrt{250} = 5\sqrt{10}$ より

$$5\sin x + 15\cos x = 5\sqrt{10}\sin(x+\alpha)$$

ただし，α は次の等式を満たす角である。

$$\cos\alpha = \frac{5}{5\sqrt{10}} = \frac{1}{\sqrt{10}}, \qquad \sin\alpha = \frac{15}{5\sqrt{10}} = \frac{3}{\sqrt{10}}$$

例題 86.2 次の関数を $r\sin(x+\alpha)\ (r>0)$ の形に直し，最大値と最小値を求めよ。

(1)　$y = 3\sin x + 4\cos x\ (0 \leqq x < 2\pi)$ 　　　(2)　$y = -\sin x + \cos x\ (0 \leqq x < 2\pi)$

解答

(1)　$r = \sqrt{3^2+4^2} = 5$ だから，$y = 5\sin(x+\alpha)$
　　　ただし，α は次の等式 $\cos\alpha = \frac{3}{5}$, $\sin\alpha = \frac{4}{5}$ を満たす角である。
　　　$-1 \leqq \sin(x+\alpha) \leqq 1$ だから，最大値 5, 最小値 -5 である。

(2)　$r = \sqrt{(-1)^2+1^2} = \sqrt{2}$, かつ $\cos\alpha = -\frac{1}{\sqrt{2}}$, $\sin\alpha = \frac{1}{\sqrt{2}}$ より $\alpha = \frac{3}{4}\pi$ である。
　　　すなわち

$$y = \sqrt{2}\sin\left(x+\frac{3}{4}\pi\right)$$

　　　いま $\frac{3}{4}\pi \leqq x + \frac{3}{4}\pi < \frac{11}{4}\pi$ だから
　　　$x + \frac{3}{4}\pi = \frac{5}{2}\pi$ すなわち $x = \frac{7}{4}\pi$ のとき最大値 $\sqrt{2}$
　　　$x + \frac{3}{4}\pi = \frac{3}{2}\pi$ すなわち $x = \frac{3}{4}\pi$ のとき最小値 $-\sqrt{2}$ 　をとる。

ドリル no.86　class　　　no　　　name

問題 86.1 次の式を $r\sin(x+\alpha)$ $(r>0)$ の形で表せ。

(1) $\sin x + \sqrt{3}\cos x$

(2) $\sin x - \cos x$

(3) $-\sqrt{3}\sin x + \cos x$

(4) $2\sin x + 5\cos x$

問題 86.2 関数 $y = -3\sin x + \sqrt{3}\cos x$ の最大値，最小値を求めよ。ただし，$0 \leqq x < 2\pi$ とする。

チェック項目	月 日	月 日
$\sin x$, $\cos x$ を合成してひとつの三角関数で表すことができる。		

87 三角方程式と三角不等式

> 三角関数を含む方程式と不等式を解くことができる。

基本的な三角方程式の解法

XY 平面上に単位円 (原点中心で半径が1である円) を描き，方程式の形と k の値に応じて，図のような θ を求める。もうひとつの動径が表す角も解である。

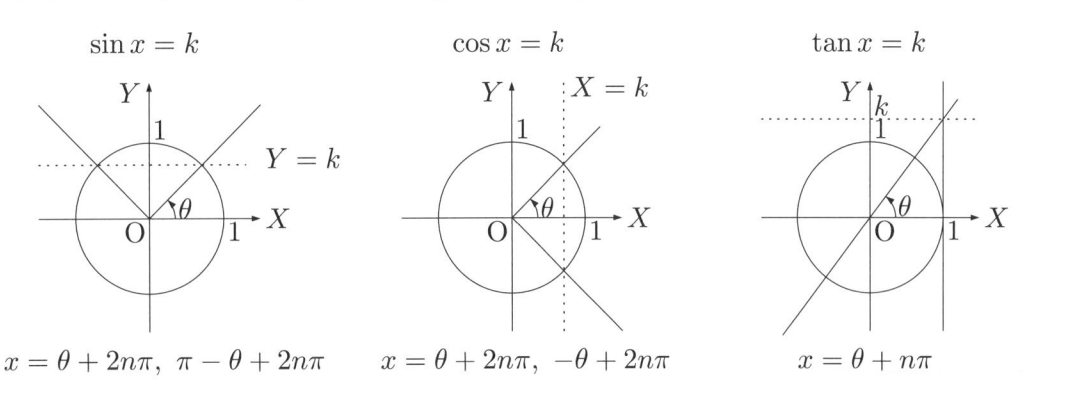

$\sin x = k$ \qquad $\cos x = k$ \qquad $\tan x = k$

$x = \theta + 2n\pi,\ \pi - \theta + 2n\pi$ \qquad $x = \theta + 2n\pi,\ -\theta + 2n\pi$ \qquad $x = \theta + n\pi$

例題 87.1 $0 \leqq x < 2\pi$ のとき，次の方程式を解け。

(1) $\sin x = -\dfrac{1}{2}$ \qquad (2) $\sqrt{3}\tan x = 1$

解答 それぞれ単位円を描いて考える。

(1) $x = \dfrac{7}{6}\pi,\ \dfrac{11}{6}\pi$ （一般解は $x = \dfrac{7}{6}\pi + 2n\pi,\ \dfrac{11}{6}\pi + 2n\pi$ (n は整数) となる。）

(2) $x = \dfrac{\pi}{6},\ \dfrac{7}{6}\pi$ （一般解は $x = \dfrac{\pi}{6}\pi + n\pi$ (n は整数) となる。）

例題 87.2 $\sin x + \cos x = -\dfrac{1}{\sqrt{2}}$ を満たす x の値 $(0 \leqq x < 2\pi)$ を求めよ。

解答 三角関数の合成を行う。
$\sin x + \cos x = \sqrt{2}\sin\left(x + \dfrac{1}{4}\pi\right) = -\dfrac{1}{\sqrt{2}}$ すなわち，$\sin\left(x + \dfrac{1}{4}\pi\right) = -\dfrac{1}{2}$

$\dfrac{1}{4}\pi \leqq x + \dfrac{1}{4}\pi < \dfrac{9}{4}\pi$ の範囲で解を求めて，$x + \dfrac{1}{4}\pi = \dfrac{7}{6}\pi,\ \dfrac{11}{6}\pi$ これより，$x = \dfrac{11}{12}\pi,\ \dfrac{19}{12}\pi$

例題 87.3 $0 \leqq x < 2\pi$ のとき，次の不等式を解け。

(1) $\sin x > -\dfrac{1}{2}$ \qquad (2) $\cos x \leqq -\dfrac{1}{2}$

解答 方程式の解を求めてから，グラフを利用する。

(1) $\sin x = -\dfrac{1}{2}$ の解は $x = \dfrac{7}{6}\pi,\ \dfrac{11}{6}\pi$ だから求める範囲は，$0 \leqq x < \dfrac{7}{6}\pi,\ \dfrac{11}{6}\pi < x < 2\pi$

(2) $\cos x = -\dfrac{1}{2}$ の解は $x = \dfrac{2}{3}\pi,\ \dfrac{4}{3}\pi$ だから求める範囲は，$\dfrac{2}{3}\pi \leqq x \leqq \dfrac{4}{3}\pi$

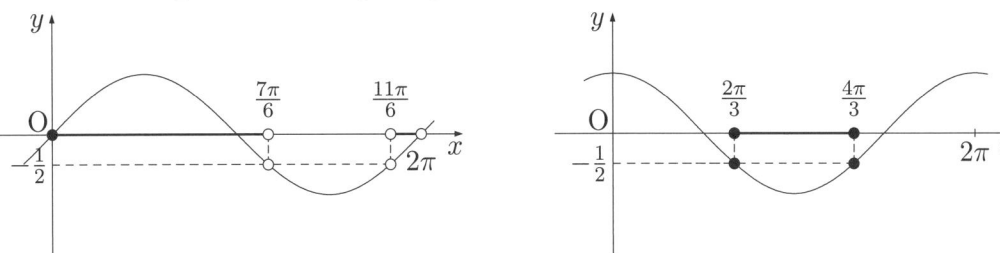

ドリル no.87　　class　　　no　　　name

問題 87.1 $0 \leq x < 2\pi$ の範囲で次の方程式，不等式を解け。

(1) $\sin x = \dfrac{\sqrt{3}}{2}$

(2) $\sqrt{2}\cos x + 1 = 0$

(3) $\tan x + \sqrt{3} = 0$

(4) $\sqrt{2}\sin x \geq 1$

(5) $2\cos x > -\sqrt{3}$

(6) $\tan x \geq -1$

問題 87.2 $0 \leq x < 2\pi$ の範囲で次の方程式を解け。

(1) $\sqrt{3}\sin x - \cos x = 1$

(2) $\cos x - \sin x = 1$

チェック項目	月　日	月　日
三角関数を含む方程式と不等式を解くことができる。		

88 平面上の2点間の距離

平面上の2点間の距離を求めることができる。

2点間の距離

2点 (x_1, y_1), (x_2, y_2) の距離は，
$$\sqrt{(x_2 - x_1)^2 + (y_2 - y_1)^2}$$

例題 88.1 2点 $(-1, 3)$, $(2, -4)$ の距離を求めよ。

解答 2点間の距離を求める式より，
$$\sqrt{(2-(-1))^2 + (-4-3)^2} = \sqrt{3^2 + (-7)^2} = \sqrt{58}$$

例題 88.2 2点 A$(2, -4)$, B$(-1, 1)$ に対して，次の点の座標を求めよ。

(1) A, B から等距離にある x 軸上の点 P

(2) A, B から等距離にある直線 $y = 2x$ 上の点 Q

解答

(1) 点 P の座標を $(x, 0)$ とする。AP = BP より，
$$\sqrt{(x-2)^2 + (0+4)^2} = \sqrt{(x+1)^2 + (0-1)^2}$$

両辺を2乗すると，
$$(x-2)^2 + 16 = (x+1)^2 + 1$$

これを解いて，$x = 3$ を得る。
したがって，点 P の座標は $(3, 0)$ である。

(2) 点 Q の座標を $(x, 2x)$ とする。AQ = BQ より，
$$\sqrt{(x-2)^2 + (2x+4)^2} = \sqrt{(x+1)^2 + (2x-1)^2}$$

両辺を2乗すると，
$$(x-2)^2 + (2x+4)^2 = (x+1)^2 + (2x-1)^2$$

これを解いて，$x = -\dfrac{9}{7}$ を得る。
したがって，点 Q の座標は $\left(-\dfrac{9}{7}, -\dfrac{18}{7}\right)$ である。

ドリル no.88　class　　no　　name

問題 88.1 次の2点 A, B の間の距離を求めよ。

(1)　A(2, 3), B(1, 3)

(2)　A(−1, −5), B(2, 1)

(3)　A(2, −1), B(−2, 1)

(4)　A(−3, −1), B(−4, −2)

問題 88.2 2点 A(2, 4), B(1, 2) に対して, 次の点の座標を求めよ。

(1)　A, B から等距離にある x 軸上の点 P

(2)　A, B から等距離にある y 軸上の点 Q

(3)　A, B から等距離にある直線 $y = x$ 上の点 R

チェック項目	月　日	月　日
平面上の2点間の距離を求めることができる。		

89 内分点と外分点

内分点と外分点の座標を求めることができる。

内分点・外分点・三角形の重心の座標

[1] 2点 $A(x_1, y_1), B(x_2, y_2)$ とする。

(a) 線分 AB を $m:n$ の比に内分する点の座標は,
$$\left(\frac{nx_1 + mx_2}{m+n}, \frac{ny_1 + my_2}{m+n}\right)$$

(b) 線分 AB を $m:n$ の比に外分する点の座標は,
$$\left(\frac{-nx_1 + mx_2}{m-n}, \frac{-ny_1 + my_2}{m-n}\right)$$

[2] 3点 $A(x_1, y_1), B(x_2, y_2), C(x_3, y_3)$ を頂点とする三角形 ABC の重心の座標は,
$$\left(\frac{x_1 + x_2 + x_3}{3}, \frac{y_1 + y_2 + y_3}{3}\right)$$

例題 89.1 2点 A $(2, -1)$, B $(-3, 4)$, C $(0, 1)$ に対し, 次の点の座標を求めよ。

(1) 線分 AB の中点 M
(2) 線分 AB を $3:2$ の比に内分する点 P
(3) 線分 AB を $2:3$ の比に外分する点 Q
(4) 三角形 ABC の重心 G

解答

(1) 点 M の座標は $\left(\dfrac{2+(-3)}{2}, \dfrac{(-1)+4}{2}\right) = \left(\dfrac{-1}{2}, \dfrac{3}{2}\right)$

(2) 点 P の座標は $\left(\dfrac{2\cdot 2 + 3\cdot(-3)}{3+2}, \dfrac{2\cdot(-1) + 3\cdot 4}{3+2}\right) = (-1, 2)$

(3) 点 Q の座標は $\left(\dfrac{-3\cdot 2 + 2\cdot(-3)}{2-3}, \dfrac{-3\cdot(-1) + 2\cdot 4}{2-3}\right) = (12, -11)$

(4) 点 G の座標は $\left(\dfrac{2-3+0}{3}, \dfrac{-1+4+1}{3}\right) = \left(-\dfrac{1}{3}, \dfrac{4}{3}\right)$

例題 89.2 点 $A(-4, -3)$ について三角形 OAB の重心の座標が $(-1, 3)$ であるとき, 点 B の座標を求めよ。

解答

点 B の座標を (x, y) と置くと, $\left(\dfrac{0-4+x}{3}, \dfrac{0-3+y}{3}\right) = (-1, 3)$

これを解くと $x = 1, y = 12$ なので, 点 B の座標は $(1, 12)$ である。

ドリル no.89   class   no   name

問題 89.1 次の点の座標を求めよ。

(1) A$(-4, 3)$, B$(2, 7)$ の中点

(2) A$(3, -3)$, B$(5, -2)$ を結ぶ線分を $3 : 2$ の比に内分する点

(3) A$(-2, -1)$, B$(2, 3)$ を結ぶ線分を $2 : 1$ の比に外分する点

問題 89.2 次の3点を頂点とする三角形の重心の座標を求めよ。

(1) $(1, 0), (-1, 0), (0, 3)$ (2) $(3, 2), (-1, -3), (-4, 1)$

問題 89.3 2点 A$(3, -2)$, B$(6, 5)$ があり，三角形 ABC の重心の座標が $(2, 1)$ であるとき，点 C の座標を求めよ。

チェック項目	月 日	月 日
内分点と外分点の座標を求めることができる。		

90 直線の方程式

直線の方程式に関する 4 つの基礎事項を理解し応用できる。

[1]　直線の方程式は $ax + by + c = 0$，ただし，$a \neq 0$ または $b \neq 0$

[2]　点 (x_1, y_1) を通り，傾き m の直線の方程式は，
$$y - y_1 = m(x - x_1)$$

[3]　2点 (x_1, y_1), (x_2, y_2) を通る直線の方程式は，
$$x_1 \neq x_2 \text{ のとき } \quad y - y_1 = \frac{y_2 - y_1}{x_2 - x_1}(x - x_1)$$
$$x_1 = x_2 \text{ のとき } \quad x = x_1$$

[4]　2直線 $y = mx + n$, $y = m'x + n'$ について，
平行条件 ： $m = m'$, $n \neq n'$
垂直条件 ： $mm' = -1$

例題 90.1　直線 $3x - 4y + 5 = 0$ の傾きと切片を求めよ。

解答　$3x - 4y + 5 = 0$ より，$y = \frac{3}{4}x + \frac{5}{4}$ なので，傾きは $\frac{3}{4}$，切片は $\frac{5}{4}$ である。

例題 90.2　点 $(3, -2)$ を通り，傾きが -5 の直線の方程式を求めよ。

解答　$y + 2 = -5(x - 3)$ である。整理すると，$5x + y - 13 = 0$ となる。

例題 90.3　2点 $(2, -2)$, $(3, -5)$ を通る直線の方程式を求めよ。

解答　$y + 2 = \frac{-5 + 2}{3 - 2}(x - 2)$ より，$y + 2 = -3(x - 2)$ である。整理すると，$3x + y - 4 = 0$ となる。

例題 90.4　点 $(2, 1)$ を通り，$y = 2x$ に平行な直線と，垂直な直線の方程式を求めよ。

解答　平行条件より，平行な直線の傾きは 2 で，点 $(2, 1)$ を通るので，平行な直線の方程式は，$y - 1 = 2(x - 2)$，すなわち $2x - y - 3 = 0$ である。また，垂直条件より，垂直な直線の傾きは $-\frac{1}{2}$ で，点 $(2, 1)$ を通るので，垂直な直線の方程式は，$y - 1 = -\frac{1}{2}(x - 2)$，すなわち $x + 2y - 4 = 0$ である。

ドリル no.90　class　　no　　name

問題 90.1 次の直線の傾きと切片を求めよ。

(1) $2x - 3y + 1 = 0$　　(2) $-3x + 5y - 6 = 0$　　(3) $4x - 2y - 7 = 0$

問題 90.2 次の直線の方程式を求めよ。

(1) 点 $(1, -2)$ を通り，傾きが 3 の直線　　(2) 点 $(2, 3)$ を通り，傾きが $-\dfrac{1}{5}$ の直線

(3) 2点 $(-2, 3), (2, 4)$ を通る直線　　(4) 2点 $(-1, 5), (1, 0)$ を通る直線

問題 90.3 次の直線の方程式を求めよ。

(1) 点 $(1, 2)$ を通り，直線 $y = 3x + 5$ に垂直な直線

(2) 点 $(3, 2)$ を通り，直線 $x + 2y + 3 = 0$ に平行な直線

(3) 点 $(4, 3)$ を通り，x 軸に平行な直線と y 軸に平行な直線

チェック項目	月 日	月 日
直線の方程式に関する4つの基礎事項を理解し応用できる。		

91 円の方程式

> 円の方程式を理解している。

円の方程式 $r > 0$ のとき，方程式 $(x-a)^2 + (y-b)^2 = r^2$ は，点 (a, b) を中心とし，半径が r の円を表す。

例題 91.1 中心の座標が $(4, -5)$，半径が 7 である円の方程式を求めよ。

解答 $(x-4)^2 + (y+5)^2 = 49$

例題 91.2 次の条件を満たす円の方程式を求めよ。

(1) 中心が C(1, 5) で点 A(-3, 2) を通る円

(2) 2 点 A(3, 2), B(9, -4) を直径の両端とする円

解答 中心と半径を求めれば方程式が分かる。

(1) 半径は線分 CA の長さに等しいから

$$r = \sqrt{(1-(-3))^2 + (5-2)^2} = \sqrt{25} = 5$$

よって求める方程式は

$$(x-1)^2 + (y-5)^2 = 25$$

(2) 中心 C は線分 AB の中点であり，半径は線分 AB の長さの半分であるから

$$\text{C} : \left(\frac{3+9}{2}, \frac{2+(-4)}{2}\right) = (6, -1), \quad r = \frac{\sqrt{(3-9)^2 + (2-(-4))^2}}{2} = 3\sqrt{2}$$

したがって求める方程式は

$$(x-6)^2 + (y+1)^2 = 18$$

例題 91.3 方程式 $x^2 + y^2 + 2x - 6y + 6 = 0$ が表す円の中心の座標と半径を求めよ。

解答 方程式を変形して，

$$x^2 + y^2 + 2x - 6y + 6 = 0$$
$$(x^2 + 2x) + (y^2 - 6y) = -6$$
$$\{(x+1)^2 - 1^2\} + \{(y-3)^2 - 3^2\} = -6$$
$$(x+1)^2 + (y-3)^2 = 2^2$$

となる。よって，中心の座標は $(-1, 3)$，半径は 2 である。

ドリル no.91   class   no   name

問題 91.1 次の円の方程式を求めよ。

(1) 中心の座標が $(3, -1)$, 半径が 5

(2) 中心の座標が $\left(\dfrac{1}{2}, -\dfrac{4}{3}\right)$, 半径が $\sqrt{3}$

問題 91.2 次の条件を満たす円の方程式を求めよ。

(1) 中心が $C(2, 11)$ で点 $A(8, -1)$ を通る円

(2) 2点 $A(5, 6)$, $B(7, -8)$ を直径の両端とする円

問題 91.3 方程式が表す円の中心の座標と半径を求めよ。

(1) $x^2 + y^2 + 8x - 4y + 19 = 0$

(2) $x^2 + y^2 - x + 3y = \dfrac{7}{2}$

チェック項目	月 日	月 日
円の方程式を理解している。		

92 円の接線

円の接線の方程式を求めることができる。

円の接線の公式

円 $x^2 + y^2 = r^2$ 上の点 $A(x_0, y_0)$ における接線の方程式は，

$$x_0 x + y_0 y = r^2$$

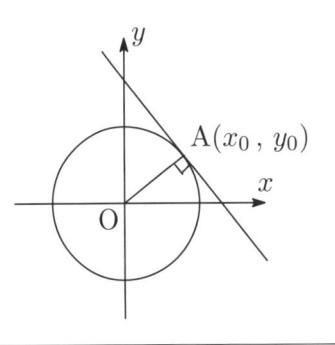

例題 92.1 円 $x^2 + y^2 = 25$ 上の次の点における接線の方程式を求めよ。

(1) $(4, 3)$ （2) $(0, -5)$

解答 円の接線の公式より，

(1) $4x + 3y = 25$

(2) $0x + (-5)y = 25$ より，$y = -5$

例題 92.2 円 $(x-1)^2 + (y-2)^2 = 25$ 上の点 $A(-2, 6)$ における接線の方程式を求めよ。

解答

円の中心 C の座標は $(1, 2)$ である。線分 CA の傾き m は，
$$m = \frac{6-2}{-2-1} = -\frac{4}{3}$$
よって接線の傾きは，垂直条件より $\frac{3}{4}$ となる。

点 $A(-2, 6)$ を通るので，$y - 6 = \frac{3}{4}(x+2)$

整理して $3x - 4y = -30$

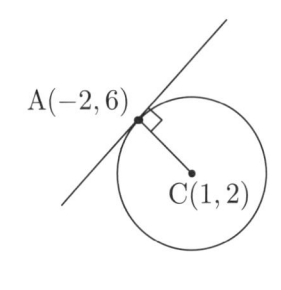

例題 92.3 点 $P(3, 1)$ から円 $x^2 + y^2 = 2$ に引いた接線の方程式を求めよ。

解答

接点の座標を $A(x_0, y_0)$ とおくと，接線の方程式は
$x_0 x + y_0 y = 2$ …① となる。
接線は点 $P(3, 1)$ を通るので，
$$3x_0 + y_0 = 2 \quad \cdots ②$$
また，点 $A(x_0, y_0)$ は円 $x^2 + y^2 = 2$ 上の点だから，
$$x_0^2 + y_0^2 = 2 \quad \cdots ③$$
② より $y_0 = 2 - 3x_0$
これを ③ に代入して $x_0^2 + (2 - 3x_0)^2 = 2$
これを解いて $x_0 = \frac{1}{5}, 1$
② より $x_0 = \frac{1}{5}$ のとき $y_0 = \frac{7}{5}$，$x_0 = 1$ のとき $y_0 = -1$
これらを ① に代入すると接線の方程式は，
$$\frac{1}{5}x + \frac{7}{5}y = 2, \quad x - y = 2$$
よって，$x + 7y = 10, \ x - y = 2$

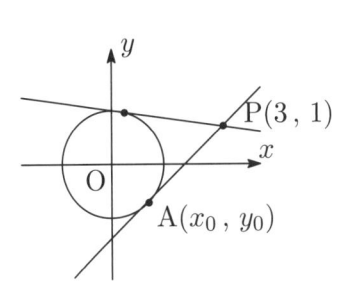

ドリル no.92　　class　　　no　　　　name

問題 92.1　円 $x^2 + y^2 = 25$ 上の次の点における接線の方程式を求めよ。
(1) $(-3, 4)$　　　　　　　　　　　(2) $(5, 0)$

問題 92.2　円 $(x-2)^2 + (y+1)^2 = 13$ 上の点 $A(4, 2)$ における接線の方程式を求めよ。

問題 92.3　点 $P(7, -1)$ から円 $x^2 + y^2 = 25$ に引いた接線の方程式を求めよ。

チェック項目	月　日	月　日
円の接線の方程式を求めることができる。		

93 円と直線との位置関係

> 円と直線との位置関係を，判別式を用いて求めることができる。

円 $(x-a)^2+(y-b)^2=r^2$ $(r>0)$ と直線 $y=mx+n$ との位置関係は，
- ① 2点で交わる （共有点は2個）
- ② 接する （共有点は1個）
- ③ 離れている （共有点はない）

のいずれかである。これらは，円の方程式と直線の方程式とを連立させ，x の2次方程式を解くときに判別式 D の符号によって判定できる。

① 2点で交わる $\iff D>0$　　② 接する $\iff D=0$　　③ 離れている $\iff D<0$

注意： y 軸と平行な直線 $x=p$ については，$|p-a|$ と 半径 r の大小によって判定できる。

例題 93.1 円 $x^2+(y-2)^2=2$ と直線 $y=x+k$ (k は定数) について
(1) 円と直線との共有点の個数が，定数 k の値によってどのように変化するか調べよ。
(2) (1) で円と直線とが接するときの接点の座標を求めよ。

解答 (1) 共有点の座標 (x, y) は連立方程式
$$\begin{cases} x^2+(y-2)^2=2 \\ y=x+k \cdots (*) \end{cases} \text{ を満たす。}$$

そこで y を消去した方程式 $x^2+(x+k-2)^2=2 \cdots (**)$ の解を判別すればよい。
式を整理すると，$2x^2+2(k-2)x+(k^2-4k+2)=0$ となる。
判別式は $D=\{2(k-2)\}^2-4\cdot 2\cdot (k^2-4k+2)=-4(k^2-4k)=-4k(k-4)$ であるから
① $D>0$ のとき，すなわち $0<k<4$ のとき，共有点の個数は2個。
② $D=0$ のとき，すなわち $k=0, 4$ のとき，共有点の個数は1個。
③ $D<0$ のとき，すなわち $k<0, 4<k$ のとき，共有点はない。

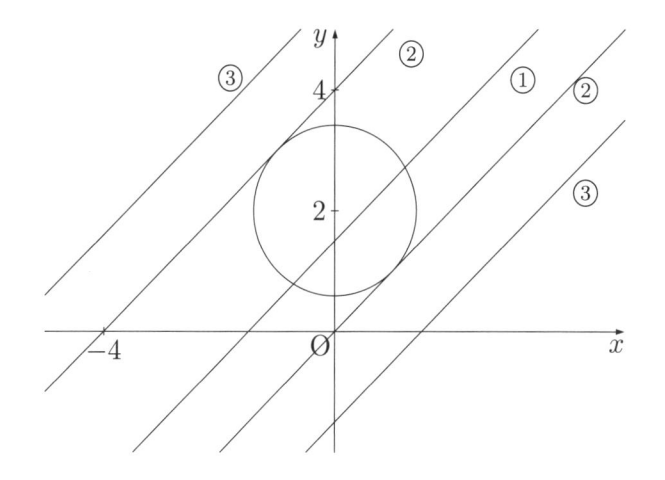

(2) (1) ② より，接するときは $k=0, 4$ のときである。接点の座標は，$(*)$ と $(**)$ とに k の値を代入して求める。

$k=0$ のとき，$2x^2-4x+2=0$ となり，$2(x-1)^2=0$ より $x=1$ （2重解）
このとき，$y=1$ より，接点の座標は $(1, 1)$ である。
同様に $k=4$ のとき，接点の座標は $(-1, 3)$ である。

ドリル no.93　class　　no　　name

問題 93.1 円 $(x-1)^2+y^2=5$ と直線 $y=2x+k$ （k は定数）について，次の問いに答えよ。

(1) 円と直線との共有点の個数が，定数 k の値によってどのように変化するか調べよ。

(2) (1)で円と直線とが接するとき，接点の座標を求めよ。

チェック項目	月　日	月　日
円と直線との位置関係を，判別式を用いて求めることができる。		

94 2次曲線（楕円・双曲線・放物線）

> 楕円・双曲線・放物線の方程式と概形を理解している。

$a > 0$, $b > 0$, $p \neq 0$ とする。

[1] 方程式 $\dfrac{x^2}{a^2} + \dfrac{y^2}{b^2} = 1$ が表す図形は楕円である。

　$a > b$ のときは，焦点 $(\pm\sqrt{a^2 - b^2},\ 0)$，長軸の長さは $2a$，短軸の長さは $2b$

　$a < b$ のときは，焦点 $(0,\ \pm\sqrt{b^2 - a^2})$，長軸の長さは $2b$，短軸の長さは $2a$

[2] 方程式 $\dfrac{x^2}{a^2} - \dfrac{y^2}{b^2} = \pm 1\ (= k)$ が表す図形は双曲線である。

　$k = 1$ のときは，焦点 $(\pm\sqrt{a^2 + b^2},\ 0)$，主軸の長さは $2a$，漸近線の方程式は $y = \pm\dfrac{b}{a}x$

　$k = -1$ のときは，焦点 $(0,\ \pm\sqrt{a^2 + b^2})$，主軸の長さは $2b$，漸近線の方程式は $y = \pm\dfrac{b}{a}x$

[3] 方程式 $y^2 = 4px$, $x^2 = 4py$ が表す図形は放物線である。

　$y^2 = 4px$ は，焦点が $(p,\ 0)$，軸が x 軸，準線が $x = -p$

　$x^2 = 4py$ は，焦点が $(0,\ p)$，軸が y 軸，準線が $y = -p$

例題 94.1　次の方程式が表す図形を答えよ。

(1)　$3x^2 + 4y^2 = 9$　　　(2)　$x^2 - 4y^2 = -4$　　　(3)　$y^2 = 2x$

解答

(1) 方程式は両辺を 9 で割って　$\dfrac{3x^2}{9} + \dfrac{4y^2}{9} = 1$

$\dfrac{x^2}{3} + \dfrac{y^2}{\frac{9}{4}} = 1$　と変形して　$\dfrac{x^2}{(\sqrt{3})^2} + \dfrac{y^2}{\left(\frac{3}{2}\right)^2} = 1$　となる。

$\sqrt{3 - \dfrac{9}{4}} = \dfrac{\sqrt{3}}{2}$ であることから，焦点が $\left(\pm\dfrac{\sqrt{3}}{2},\ 0\right)$，長軸の長さが $2\sqrt{3}$，短軸の長さが 3 の楕円を表す。

(2) 方程式は $\dfrac{x^2}{2^2} - \dfrac{y^2}{1^2} = -1$ となることから，焦点が $(0,\ \pm\sqrt{5})$，主軸の長さが 2，漸近線が $y = \pm\dfrac{1}{2}x$ の（上下 2 つの）双曲線を表す。

(3) 方程式は $y^2 = 4 \cdot \dfrac{1}{2} \cdot x$ となることから，焦点が $\left(\dfrac{1}{2},\ 0\right)$，軸が x 軸，準線が $x = -\dfrac{1}{2}$ の放物線を表す。

注意：図の黒点は焦点を表す。双曲線は図のように長方形を描くと対角線が漸近線になる。

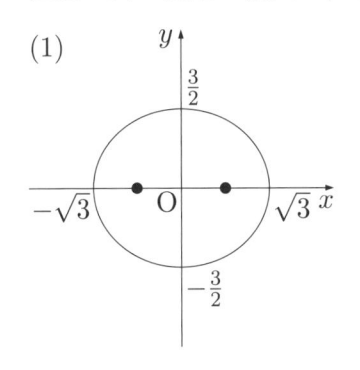

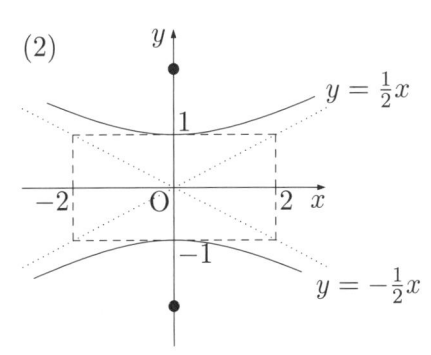

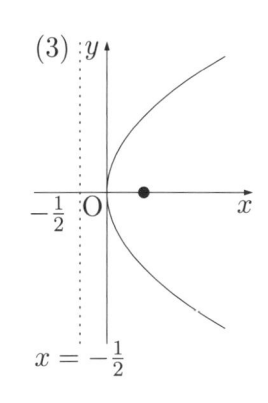

ドリル no.94　　class　　　no　　　name

問題 94.1 楕円の焦点を求め，概形を描け。

(1) $\dfrac{x^2}{4} + y^2 = 1$ 　　　　　　(2) $4x^2 + y^2 = 12$

問題 94.2 双曲線の焦点と漸近線を求め，概形を描け。

(1) $\dfrac{x^2}{9} - \dfrac{y^2}{4} = 1$ 　　　　　(2) $6x^2 - 4y^2 = -8$

問題 94.3 放物線の焦点と準線を求め，概形を描け。

(1) $y^2 = 8x$ 　　　　　　(2) $x^2 = -6y$

チェック項目	月　日	月　日
楕円・双曲線・放物線の方程式と概形を理解している。		

95 不等式と領域

> 不等式によって表される領域を理解している。

不等式が表す領域

[1] $y > ax + b$ は直線 $y = ax + b$ の上側を表す。

[2] $y < ax + b$ は直線 $y = ax + b$ の下側を表す。

[3] $y > f(x)$ は曲線 $y = f(x)$ の上側を表す。

[4] $y < f(x)$ は曲線 $y = f(x)$ の下側を表す。

[5] $\dfrac{x^2}{a^2} + \dfrac{y^2}{b^2} > 1$ は楕円 $\dfrac{x^2}{a^2} + \dfrac{y^2}{b^2} = 1$ の外側を表す。

[6] $\dfrac{x^2}{a^2} + \dfrac{y^2}{b^2} < 1$ は楕円 $\dfrac{x^2}{a^2} + \dfrac{y^2}{b^2} = 1$ の内側を表す。

注意：不等号が $<$ または $>$ の場合には境界を含まず，$\leqq$ または $\geqq$ の場合には境界を含む。

例題 95.1 次の不等式が表す領域を図示せよ。

(1) $2x - y > 4$ (2) $y > x^2 - 2x - 1$ (3) $(x-2)^2 + (y+1)^2 \leqq 1$

(4) $\begin{cases} y > x^2 \\ y < x + 2 \end{cases}$ (5) $1 \leqq x^2 + y^2 \leqq 4$

解答 図は下に示す。

(1) 与えられた不等式は $y < 2x - 4$ となるので，直線 $y = 2x - 4$ の下側 である (境界を含まない)。

(2) 放物線 $y = x^2 - 2x - 1 = (x-1)^2 - 2$ の上側である (境界を含まない)。

(3) この不等式で表わされる領域は，円 $(x-2)^2 + (y+1)^2 = 1$ の内部である (境界を含む)。

(4) 放物線 $y = x^2$ の上側と直線 $y = x + 2$ の下側とで挟まれた領域である (境界を含まない)。

(5) 円 $x^2 + y^2 = 1$ と円 $x^2 + y^2 = 4$ とによって挟まれた領域である (境界を含む)。

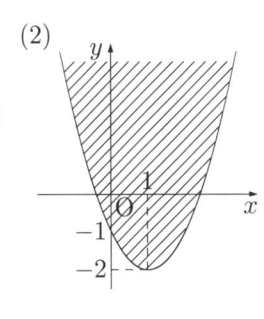

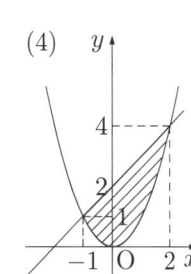

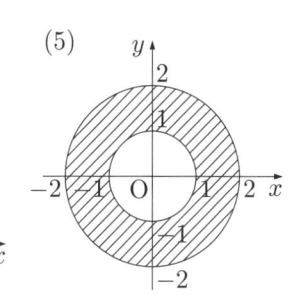

例題 95.2 平面上の 3 点を A(1,3), B(3,1), C(−1,3) とするとき，三角形 ABC の内部 (境界を含む) を連立不等式で表せ。

解答 直線 $AB : y = -x + 4$ の下側，直線 $AC : y = 3$ の下側，直線 $BC : y = -\dfrac{1}{2}x + \dfrac{5}{2}$ の上側を式で表す。

$$\begin{cases} y \leqq -x + 4 \\ y \leqq 3 \\ y \geqq -\dfrac{1}{2}x + \dfrac{5}{2} \end{cases}$$

ドリル no.95　　class　　　no　　　　name

問題 95.1 不等式が表す図形を図示せよ。

(1) $3x + 4y \leqq 12$　　　(2) $y \leqq -x^2 + 2x$　　　(3) $x^2 + 2x + y^2 \leqq 0$

(4) $0 < y < -x^2 + 2x$　　　(5) $\begin{cases} y > -x - 2 \\ y > 2x - 2 \\ 2y < x + 2 \end{cases}$

問題 95.2 平面上の 3 点を A$(-2, 2)$, B$(-1, -1)$, C$(2, 0)$ とするとき, 三角形 ABC の内部 (境界を含む) を連立不等式で表せ。

チェック項目	月　日	月　日
不等式によって表される領域を理解している。		

96　領域上の最大値と最小値

> 与えられた領域で，与えられた式の最大値・最小値を求めることができる。

最大値と最小値の求め方

[1]　与えられた不等式で表される領域 D を図に描く。

[2]　領域 D の点に対して与えられた式 $ax+by$ を k とおく。領域 D を通る直線 $ax+by=k$ の中で，k の値が最も大きくなる場合と最も小さくなる場合を見つける。

例題 96.1

x, y が連立不等式 $2x-y \geqq 0$, $x-3y \leqq 0$, $x+2y \leqq 5$ を満たすとき，次の式の最大値と最小値を求めよ。

(1) $x+y$　　　(2) $x-y$

解答

連立不等式が表す領域は，3 点 O $(0,0)$, A $(3,1)$, B $(1,2)$ で囲まれた三角形の内部（境界を含む：図 1）である。

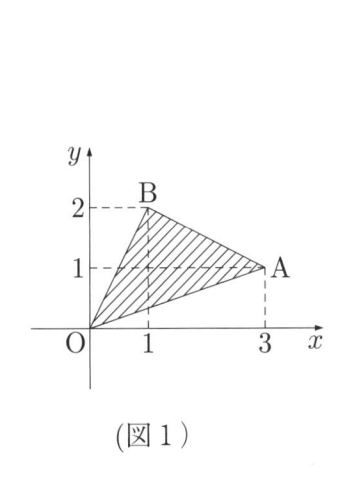

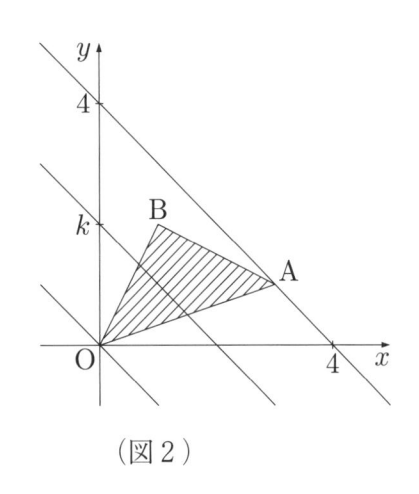

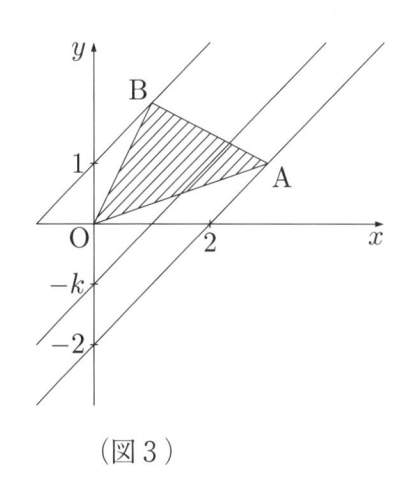

（図 1）　　　（図 2）　　　（図 3）

(1) $x+y=k$ とおき，$y=-x+k$ と変形すると，これは傾きが -1 で y 軸との交点が $(0,k)$ である直線を表す。このような直線が領域 D を通るとき，y 切片が最も高くなるのは点 A を通るときである。このとき，$x=3, y=1$ であるから，求める最大値は $x+y=3+1=4$ となる。同様にして，直線が領域 D を通るときに y 切片が最も低くなるのは点 O を通るときである。このとき $x=0, y=0$ であるから，求める最小値は $x+y=0+0=0$ となる。（図 2）

よって，最大値は 4 （$x=3, y=1$ のとき），最小値は 0 （$x=0, y=0$ のとき）

(2) $x-y=k$ とおくと，$y=x-k$ となり，これは傾きが 1 で y 軸との交点が $(0,-k)$ である直線を表す。このような直線が領域 D を通るとき，y 切片が最も高くなるのは点 B を通るときである。このとき $-k$ が最大になるので k は最小となる。よって，求める最小値は $x-y=1-2=-1$ となる。同様にして，直線が領域 D を通るときに y 切片が最も低くなるのは点 A を通るときである。このとき $-k$ が最小となるので k は最大値 $x-y=3-1=2$ をとる。（図 3）

よって，最大値は 2 （$x=3, y=1$ のとき），最小値は -1 （$x=1, y=2$ のとき）

ドリル no.96　　class　　　no　　　name

問題 96.1　x, y が連立不等式 $3x - y \geq 0$,　$x - 2y \leq 0$,　$2x + y \leq 5$ を満たすとき，$x + y$ の最大値と最小値を求めよ。

問題 96.2　x, y が連立不等式 $3x + 2y \geq 8$,　$x + 2y \leq 8$,　$x - 2y \leq 0$ を満たすとき，$x - y$ の最大値と最小値を求めよ。

チェック項目	月　日	月　日
与えられた領域で，与えられた式の最大値・最小値を求めることができる。		

ドリルと演習『基礎数学』 解答

1.1
(1) $a^2 + (b+2)a - (2b^2 - 7b + 3)$
(2) $-2y^2 + (3x+7)y + (2x^2 + x - 3)$

1.2
(1) $A + B = 3x - 2$, $A - B = -6x^2 + x - 12$
(2) $A + B = -x^4 - 4x^2 + 4x - 1$
  $A - B = 3x^4 - 6x^3 - 4x^2 + 15$

1.3
(1) $6x^2 - 2xy - 13y^2$ (2) $5xy - 3y^2$
(3) $-9x^2 + 17xy + 16y^2$

2.1
(1) x^9 (2) y^{20}
(3) $27x^3 y^6$ (4) $16x^8 y^{12} z^4$

2.2
(1) $9x^2 y^3$ (2) a^{10} (3) $32a^5 b^9$
(4) $\dfrac{x^2}{4y^3}$ (5) $-8x$ (6) $256x^8 y^{12}$

3.1
(1) $-6x^5 + 6x^4$ (2) $-10x^6 + 15x^4$
(3) $6x^3 - 3x^2 y - 4x^2 + 2xy$ (4) $6x^5 + 8x^4 - 15x^2 - 20x$

3.2
(1) $12x^3 - 13x^2 + 1$
(2) $2x^4 - 7x^3 + 8x^2 - 9x + 9$
(3) $3x^7 + 8x^5 - 2x^4 + x^3 - 4x^2 - 2x + 2$
(4) $6x^4 + 11x^3 + 2x^2 + 9x + 5$

4.1
(1) $x^2 + 10x + 25$ (2) $9x^2 - 12xy + 4y^2$
(3) $16 - x^2$ (4) $x^2 + 6xy + 8y^2$
(5) $4a^2 - 4ab - 15b^2$ (6) $6x^2 + 11xy - 10y^2$

4.2
(1) $49x^2 - 14xy + y^2$ (2) $4x^2 + 2xy + \dfrac{1}{4} y^2$
(3) $9a^2 - 4b^2$ (4) $a^2 + 3abc + 2b^2 c^2$

5.1
(1) $a^3 + 9a^2 + 27a + 27$ (2) $x^3 - 6x^2 + 12x - 8$
(3) $64a^3 + 48a^2 b + 12ab^2 + b^3$
(4) $27x^3 - 27x^2 y + 9xy^2 - y^3$
(5) $a^3 + 27$ (6) $x^3 - 125$

5.2
(1) $8x^3 + 36x^2 + 54x + 27$
(2) $27a^3 - 54a^2 b + 36ab^2 - 8b^3$
(3) $8x^3 + 125y^3$ (4) $8a^3 - \dfrac{b^3}{8}$

6.1
(1) 因数は 1, a, $b+c$, $a(b+c)$
(2) 因数は 1, $x-4$, $y+5$, $(x-4)(y+5)$
(3) 因数は 1, $x-y$, $(x-y)^2$

6.2
(1) $a^2 b^2 (a^2 + b^2)$ (2) $(3a - b)(x - y)$

6.3
(1) $(a+b)(x+y)$ (2) $(x-z)(x+2y)$
(3) $(a+x)(2x-3y)$

7.1
(1) $(x+7)^2$ (2) $(a-5b)^2$
(3) $(x+9y)(x-9y)$ (4) $(xy-3z)(xy+3z)$

7.2
(1) $(3x+y)^2$ (2) $(4x-3y)^2$
(3) $(5a+6b)(5a-6b)$ (4) $\left(a - \dfrac{1}{a}\right)^2$

7.3
(1) $(x+y+2)^2$ (2) $(3x-2y)(-x+4y)$
(3) $(x+y+2)(x+y-2)$

8.1
(1) $(x-2)(x-4)$ (2) $(x+5)(x-2)$
(3) $(2a+3)(a+2)$ (4) $(3x+2)(2x-3)$

8.2
(1) $(x+6y)(x+7y)$ (2) $(x+5y)(x-3y)$
(3) $(2a+b)(a-2b)$ (4) $(3x+2y)(2x-y)$
(5) $(6x+5)(2x-3)$ (6) $(x+3y)(12x-5y)$

9.1
(1) $\left(x+\dfrac{1}{2}\right)\left(x^2 - \dfrac{x}{2} + \dfrac{1}{4}\right)$
(2) $(5a+2b)(25a^2 - 10ab + 4b^2)$
(3) $\left(\dfrac{3x}{2} - y\right)\left(\dfrac{9x^2}{4} + \dfrac{3xy}{2} + y^2\right)$
(4) $(3-2x)(9+6x+4x^2)$

193

9.2

(1) $\left(\dfrac{2}{3}x+\dfrac{y}{4}\right)\left(\dfrac{4x^2}{9}-\dfrac{xy}{6}+\dfrac{y^2}{16}\right)$

(2) $(2a-3b)(4a^2+6ab+9b^2)$

(3) $(x-y+z)(x^2+y^2+z^2+yz-zx-2xy)$

(4) $-(a+1)(a^2+14a+61)$

9.3

(1) $(x+1)^3$ (2) $(3x-2y)^3$

10.1

(1) $(x^2+x-1)(-x+3)+(-x+7)$

(2) $(x+2)(x^3-2x^2+3x-3)+6$

10.2

(1) $x^2+6x+17+\dfrac{53}{x-3}$

(2) $2x^2-10x+49+\dfrac{-225x-100}{x^2+5x+2}$

11.1

(1) 最大公約数 a^2c^3, 最小公倍数 $3a^3bc^4$

(2) 最大公約数 ab, 最小公倍数 $a^2b^2c^3$

11.2

(1) 最大公約数 $(x+3)(x+5)^3$

最小公倍数 $x(x+3)^3(x-2)(x+5)^4$

(2) 最大公約数 $3x-1$

最小公倍数 $(x+2)(2x+3)(3x-1)$

(3) 最大公約数 $2x+1$

最小公倍数 $x(x+3)(x-5)(2x+1)^2$

12.1

(1) $\dfrac{3x-4}{5x+2}$ (2) $\dfrac{x^2+2x+4}{3x+1}$

12.2

(1) $\dfrac{ax}{2b^2y^2}$ (2) $\dfrac{b^2}{2axy}$ (3) $\dfrac{a-b}{b}$

(4) $x+1$ (5) $\dfrac{5xy}{6ab}$

13.1

(1) $\dfrac{a^2+b^2+c^2}{abc}$ (2) $\dfrac{2x-1}{x+1}$

(3) $\dfrac{2}{(2n-1)(2n+1)}$ (4) $\dfrac{b-a}{(x+a)(x+b)}$

(5) $\dfrac{t^2+9}{(t+3)(t-3)^2}$ (6) $\dfrac{2}{x^2(x+2)}$

14.1

(1) $-\dfrac{ab}{c}$ (2) $-\dfrac{1}{(x+h)x}$

(3) $\dfrac{(2x-1)(4x-5)}{(x-2)(6x-1)}$ (4) $x+1$

15.1

(1) $12\sqrt{5}$ (2) $-7\sqrt{2}$ (3) $4+\sqrt{21}$

(4) $99+70\sqrt{2}$ (5) $-9\sqrt{2}$ (6) $21-6\sqrt{6}$

(7) $9+18\sqrt{2}$ (8) $29\sqrt{5}-46\sqrt{2}$

15.2 10

16.1

(1) $\dfrac{2\sqrt{5}}{3}$ (2) $-(\sqrt{6}+3)$ (3) $2+\sqrt{10}$

(4) $\dfrac{\sqrt{6}}{8}$ (5) $3\sqrt{2}(\sqrt{5}+2)$ (6) $\sqrt{2}-1$

16.2

(1) $2\sqrt{7}$ (2) $\dfrac{14}{3}$

17.1

(1) 2 (2) 1 (3) 11

(4) $4-a$

17.2

(1) 1 (2) -1 (3) -3

17.3

(1) $x=3,\ -7$ (2) $x=-1,\ 2$

17.4

(1) $2x+2$ (2) 4 (3) $-2x-2$

18.1

(1) $2+i$ (2) $-2+21i$ (3) $\dfrac{2}{3}+\dfrac{2}{15}i$

(4) $13+34i$ (5) $4i$ (6) 3

(7) $-8i$ (8) $1-i$

18.2

(1) $2\sqrt{2}$ (2) 3 (3) 2

(4) $-2\sqrt{2}$

19.1

(1) $\dfrac{11}{13}-\dfrac{16}{13}i$ (2) $\dfrac{11}{50}+\dfrac{23}{50}i$ (3) $\dfrac{5}{3}+2i$

(4) $\dfrac{2}{25}+\dfrac{3}{50}i$ (5) $-\dfrac{48}{25}i$ (6) $\dfrac{3}{2}i$

(7) -1

20.1

(1) $x=2, y=-2, z=-4$

(2) $x=-\dfrac{5}{4}, y=-\dfrac{3}{4}, z=-\dfrac{5}{4}$

20.2

$x=-2, y=3$

21.1

(1) $x=4, 9$　　(2) $x=-12, 5$

(3) $x=-6, \dfrac{3}{2}$　　(4) $x=\dfrac{1}{2}$ (2重解)

21.2

(1) $x=-\dfrac{3}{4}, 0$　　(2) $x=0, \dfrac{1}{9}$

21.3

(1) $x=-3, 5$　　(2) $x=\pm 11$

(3) $x=3$ (2重解)　　(4) $x=-3, 1$

22.1

(1) $x=-1, 3$　　(2) $x=\dfrac{-5\pm\sqrt{13}}{2}$

(3) $x=-4, 2$　　(4) $x=2\pm\sqrt{2}$

(5) $x=-4, \dfrac{3}{2}$　　(6) $x=\dfrac{1\pm\sqrt{2}i}{3}$

22.2

(1) $x=-\dfrac{3}{2}, \dfrac{1}{3}$　　(2) $x=\sqrt{2}$ (2重解)

(3) $x=\dfrac{1\pm\sqrt{13}}{6}$　　(4) $x=\dfrac{-1\pm\sqrt{17}i}{3}$

23.1

(1) 異なる2つの実数解　(2) 2重解

(3) 異なる2つの虚数解　(4) 異なる2つの実数解

(5) 異なる2つの虚数解　(6) 2重解

23.2　$m=-\dfrac{1}{4}$ のとき, $x=-\dfrac{1}{2}$ (2重解)

$m=1$ のとき, $x=2$ (2重解)

24.1

(1) 3　　(2) 4　　(3) 1　　(4) $\dfrac{1}{4}$

24.2　$\alpha^3+\beta^3=-\dfrac{10}{27}$

24.3　$k=10$

25.1

(1) $x^2-5x+6=0$　　(2) $x^2+2x=0$

(3) $x^2-2x-1=0$　　(4) $x^2-10x+28=0$

25.2

(1) $-3, 4$　　(2) $-3\pm\sqrt{7}$

25.3

(1) $(2x+3)(3x-1)$

(2) $3\left(x-\dfrac{1+\sqrt{7}}{3}\right)\left(x-\dfrac{1-\sqrt{7}}{3}\right)$

26.1

(1) 恒等式　　(2) 方程式

26.2

(1) $a=3, b=-3, c=27$

(2) $a=-1, b=3$

(3) $a=0, b=3, c=-2$

27.1

(1) 12　　(2) 0　　(3) 12　　(4) 0

27.2　(1), (3)

27.3　$a=1$

27.4　$a=-4$

27.5　$a=-7, b=6$

28.1

(1) $(x-1)(x-2)(x+4)$

(2) $(x-2)(x+3)^2$

28.2　$x=-2, -1, 2, 3$

29.1

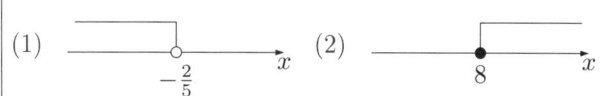

(1) 　　(2)

数直線: (1) $-\dfrac{2}{5}$ で白丸　(2) 8 で黒丸

29.2

(1) $x>3$　　数直線: 3 で白丸, 右側

(2) $x<1$　　数直線: 1 で白丸, 左側

(3) $x\leqq 26$　　数直線: 26 で黒丸, 左側

(4) $x\leqq 9$　　数直線: 9 で黒丸, 左側

195

(5) $x < \frac{4}{3}$

(6) $x < 4$

30.1
(1) $x < -2, x > 6$ (2) $0 < x < 3$
(3) $-\frac{1}{3} < x < 2$ (4) $x \leqq -5, x \geqq 1$
(5) $\frac{1}{3} \leqq x \leqq \frac{1}{2}$
(6) $x < 1 - \sqrt{2}, x > 1 + \sqrt{2}$

31.1
(1) $-2 < x < 0, x > 1$
(2) $x < -3, -1 < x < 2$
(3) $-2 \leqq x \leqq 2, x \geqq 3$
(4) $x < \frac{1}{2}, 1 < x < 3$

32.1
(1) $3 < x \leqq 5$ (2) $-1 < x < 1, x > 4$

32.2
(1) $-5 < x \leqq -3, 3 \leqq x < 5$
(2) $-2 \leqq x \leqq 1, x = 3$

33.1
(1) $A \cap B = \{1, 3, 5\}$
 $A \cup B = \{1, 2, 3, 4, 5, 6, 7, 9\}$
(2) $A \cap B = \{1, 5\}$
 $A \cup B = \{1, 2, 3, 4, 5, 10, 15, 20\}$

33.2
 $A \cap B = \{x | 3 \leqq x < 5\}, A \cup B = \{x | x > -1\}$

33.3
(1) $\overline{A} = \{1, 3, 5, 7, 9\}$
(2) $\overline{B} = \{1, 2, 4, 5, 7, 8\}$
(3) $A \cup \overline{B} = \{1, 2, 4, 5, 6, 7, 8\}$
(4) $\overline{A} \cup B = \{1, 2, 3, 4, 5, 7, 8, 9\}$
(5) $\overline{A \cup B} = \{1, 5, 7\}$

34.1
(1) $A \cap B = \{6, 12, 18\}$

(2) $A \cup B = \{2, 3, 4, 6, 8, 9, 10, 12, 14, 15, 16, 18, 20\}$
(3) $\overline{A \cup B} = \overline{A} \cap \overline{B} = \{1, 2, 3, 4, 5, 7, 8, 9, 10, 11, 13, 14, 15, 16, 17, 19, 20\}$
(4) $\overline{A} \cap \overline{B} = \overline{A \cup B} = \{1, 5, 7, 11, 13, 17, 19\}$

34.2
(1) $A \cap B = \{x | 3 \leqq x \leqq 7\}$
(2) $A \cup B = U$
(3) $\overline{A} \cup \overline{B} = \overline{A \cap B} = \{x | 0 \leqq x < 3, 7 < x \leqq 10\}$
(4) $\overline{A} \cap \overline{B} = \overline{A \cup B} = \overline{U} = \phi$

35.1
(1) $n(A) = 4$ (2) $n(A \cap B) = 2$
(3) $n(A \cup B) = 8$ (4) $n(\overline{A} \cap \overline{B}) = 3$

35.2
(1) $n(C) = 17$ (2) $n(\overline{A} \cap B) = 12$
(3) $n(\overline{A \cup B}) = 3$

36.1
(1) $\overline{p}$：「n は 15 の倍数でない」
(2) $\overline{p}$：「$-2 < x \leqq 5$」

36.2
(1) 十分条件 (2) 必要条件
(3) 必要条件 (4) 必要十分条件

36.3
(1) 必要十分条件
(2) 必要条件でも十分条件でもない

37.1
(1) 元の命題：(偽)，反例 $x = -2$
 逆（真）：「$x = 2$ ならば $x^2 = 4$」
 裏（真）：「$x^2 \neq 4$ ならば $x \neq 2$」
 対偶（偽）：「$x \neq 2$ ならば $x^2 \neq 4$」
(2) 元の命題：(偽)，反例 $x = 0, y \neq 1$
 逆（真）：「$y = 1$ ならば $xy = x$」
 裏（真）：「$xy \neq x$ ならば $y \neq 1$」
 対偶（偽）：「$y \neq 1$ ならば $xy \neq x$」
(3) 元の命題：(偽)，反例 $x = -3$
 逆（真）：「$x^2 - x - 6 < 0$ ならば $x^2 < 16$」
 裏（真）：「$x^2 \geqq 16$ ならば $x^2 - x - 6 \geqq 0$」
 対偶（偽）：「$x^2 - x - 6 \geqq 0$ ならば $x^2 \geqq 16$」

37.2

対偶命題は「$a>0$ かつ $b>0$ ならば $a+b>0$」。
この対偶命題が真なので元の命題も真である。

38.1

右辺 $= x^4 - x^3 + x^2 + x^3 - x^2 + x + x^2 - x + 1$
$= x^4 + x^2 + 1 =$ 左辺

よって，成り立つ。

38.2

左辺 $= a^2b^2 + a^2 + b^2 + 1$
右辺 $= a^2b^2 + 2ab + 1 + a^2 - 2ab + b^2 = a^2b^2 + a^2 + b^2 + 1$

よって，成り立つ。

38.3 $b = 1-a$ より，

左辺 $= a^2 + (1-a)^2 = 2a^2 - 2a + 1$
右辺 $= 1 - 2a(1-a) = 2a^2 - 2a + 1$

よって，成り立つ。

（別解） $a+b=1$ より

左辺 $-$ 右辺 $= a^2 + b^2 - 1 + 2ab = (a+b)^2 - 1$
$= 1 - 1 = 0$

よって，成り立つ。

38.4 $c = -(a+b)$ より

左辺 $= 2a^2 - b(a+b) = 2a^2 - ab - b^2$
右辺 $= (b-a)(-2a-b) = -2ab - b^2 + 2a^2 + ab$
$= 2a^2 - ab - b^2$

よって，成り立つ。

（別解） $a+b+c=0$ より

左辺 $-$ 右辺 $= 2a^2 + bc - (bc - ab - ac + a^2)$
$= a^2 + ab + ac = a(a+b+c) = 0$

よって，成り立つ。

39.1 $\dfrac{a}{b} = \dfrac{c}{d} = k$ とおくと $a = bk, c = dk$ である。

(1) 左辺 $= \dfrac{bk+2b}{2bk+b} = \dfrac{b(k+2)}{b(2k+1)} = \dfrac{k+2}{2k+1}$

右辺 $= \dfrac{dk+2d}{2dk+d} = \dfrac{d(k+2)}{d(2k+1)} = \dfrac{k+2}{2k+1}$

よって，成り立つ。

(2) 左辺 $= \dfrac{(bk+b)^2}{bk \cdot b} = \dfrac{b^2(k+1)^2}{b^2 k} = \dfrac{(k+1)^2}{k}$

右辺 $= \dfrac{(dk+d)^2}{dk \cdot d} = \dfrac{d^2(k+1)^2}{d^2 k} = \dfrac{(k+1)^2}{k}$

よって，成り立つ。

39.2 $x:y:z = a:b:c$ より，$x=ak, y=bk, z=ck$ とおける。このとき，

左辺 $= \dfrac{ak+2bk+3ck}{a+2b+3c} = \dfrac{k(a+2b+3c)}{a+2b+3c} = k$

右辺 $= \dfrac{ak}{a} = k$

よって，成り立つ。

40.1

(1) 左辺 $-$ 右辺 $= x^2 - 2xy + 2y^2 = (x-y)^2 + y^2 \geqq 0$，
等号は $x = y = 0$ のとき

(2) 左辺 $-$ 右辺 $= \dfrac{a^2+b^2}{2} - \dfrac{a^2+2ab+b^2}{4}$
$= \dfrac{1}{4}(a-b)^2 \geqq 0$

等号は $a=b$ のとき

40.2

(1) 相加平均・相乗平均より $a+b \geqq 2\sqrt{ab}$，

$\dfrac{1}{a} + \dfrac{1}{b} \geqq 2\sqrt{\dfrac{1}{ab}}$ が成り立っている。

これらを辺々かけて示せる。等号成立は $a=b$ のとき。

(2) 相加平均・相乗平均より $\dfrac{a}{b} + \dfrac{c}{d} \geqq 2\sqrt{\dfrac{ac}{bd}}$，

$\dfrac{b}{a} + \dfrac{d}{c} \geqq 2\sqrt{\dfrac{bd}{ac}}$ が成り立っている。

これらを辺々かけて示せる。等号成立は $ad=bc$ のとき。

41.1

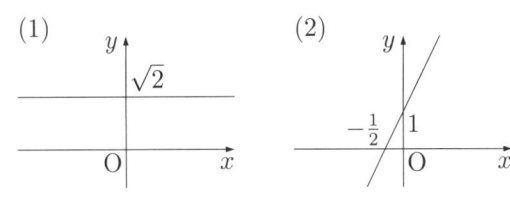

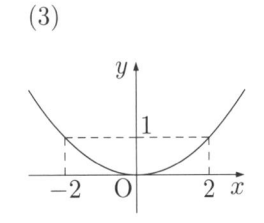

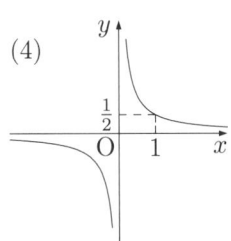

(1) (2) (3) (4)

41.2

(1) $y = -\pi$ (2) $y = -\dfrac{2}{3}x + 2$

(3) $y = -\dfrac{1}{4}x^2$ (4) $y = \dfrac{6}{x}$

42.1

(1) $3, -4$ (2) $-2(x+4)^2 + 5$

42.2

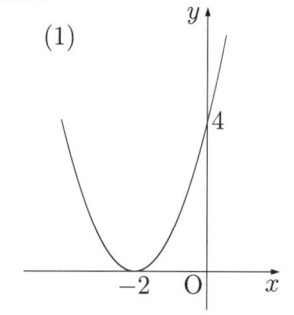

(1) 頂点の座標 $(-2, 0)$
軸の方程式 $x = -2$

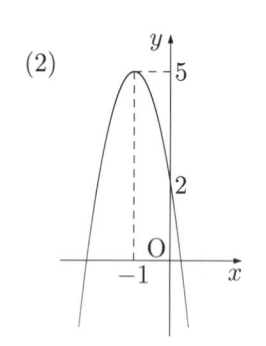

(2) 頂点の座標 $(-1, 5)$
軸の方程式 $x = -1$

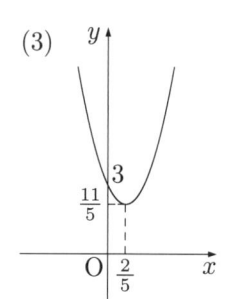

(3) 頂点の座標 $\left(\dfrac{2}{5}, \dfrac{11}{5}\right)$
軸の方程式 $x = \dfrac{2}{5}$

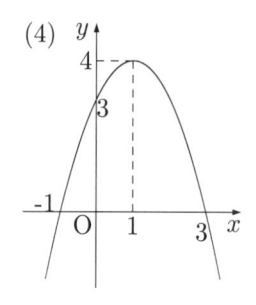

(4) 頂点の座標 $(1, 4)$
軸の方程式 $x = 1$

43.1

(1) 2個, $-1 \pm \sqrt{2}$ (2) 0個

(3) 1個, $\dfrac{3}{5}$ (4) 1個, $\dfrac{2}{5}$

43.2 $k > -2$

44.1

(1) $x \leqq -2, 6 \leqq x$ (2) $-\dfrac{1}{3} < x < 2$

(3) $0 \leqq x \leqq 3$

(4) $2 - \sqrt{7} \leqq x \leqq 2 + \sqrt{7}$

(5) $x = \dfrac{2}{3}$ (6) 実数全体

(7) $x < -3, x > 3$ (8) 解なし

45.1

(1) $(2, -3), (1, -1)$ (2) $(1, 4)$

45.2 $a = -1$ のとき接点 $(2, 3)$

45.3 $a = 4$ のとき接点 $(3, 7)$
$a = -8$ のとき接点 $(-3, 19)$

46.1

(1) $y = -2(x-4)^2 + 3$ (2) $y = 2(x+3)^2 - 5$

(3) $y = 2x^2 - 3x + 4$ (4) $y = 4(x+3)(x-2)$

47.1

(1) 最大値なし, 最小値 -2, $y \geqq -2$

(2) 最大値なし, 最小値 -1, $y \geqq -1$

(3) 最大値 7, 最小値 -2, $-2 \leqq y \leqq 7$

47.2

(1) 最大値 11, 最小値なし, $y \leqq 11$

(2) 最大値 11, 最小値なし, $9 < y \leqq 11$

48.1 $S = -x^2 + 30x$ ただし, $0 < x < 30$

48.2 $-10x^2 - 500x + 50000$ 円

48.3

(1) $y = t^2$ (2) $y = t^2 - 4t + 8$

(3) $y = t^2 - 12t + 40$ (4) $y = t^2 - 16t + 64$

49.1

(1) n が奇数のとき, $x = -1$ とすると
$y = (-1)^n = -1$ である。すなわち n が奇数の
ときは点 $(-1, -1)$ を通る。よって間違い。

(2) n が奇数のとき, グラフは原点に関して対称で
あり, $x > 0$ の範囲で増加している。つまり, グ
ラフは常に増加している。よって正しい。

(3) n が偶数のとき, $x < 0$ に対して, $y = x^n > 0$ と
なり, グラフは第 2 象限にある。よって間違い。

49.2 $y = x^5$ のグラフを原点に関して対称移動したグ
ラフの方程式は $y = -(-x)^5 = x^5$ となり, 元の関数
の式 $y = x^5$ に一致する。よって $y = x^5$ のグラフは原
点に関して対称である。

49.3

(1) $0 < a < b$ のとき,
$f(b) - f(a) = b^2 - a^2 = (b+a)(b-a) > 0$
よって $f(a) < f(b)$ となり, $f(x) = x^2$ は $x > 0$
で増加している。

(2) $a < b < 0$ のとき，
$$f(b) - f(a) = (b+a)(b-a) < 0$$
よって $f(a) > f(b)$ となり，$f(x) = x^2$ は $x < 0$ で減少している。

50.1
(1) 偶関数 (2) 奇関数 (3) 奇関数
(4) 偶関数

50.2
(1) 偶関数 (2) 奇関数

50.3 偶関数

51.1 漸近線の方程式は次の通り。グラフは下図。
(1) $x = 0$, $y = 0$ (2) $x = 0$, $y = 0$
(3) $x = 0$, $y = -1$ (4) $x = 0$, $y = 1$
(5) $x = -2$, $y = 0$ (6) $x = 1$, $y = 2$

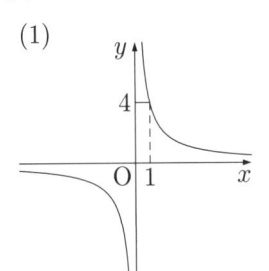

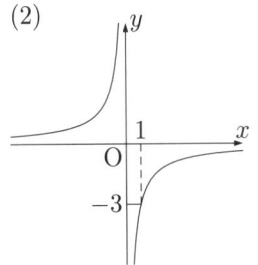

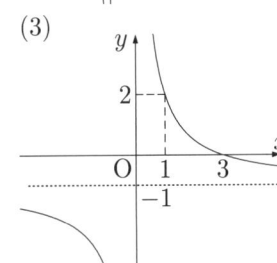

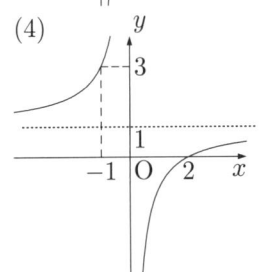

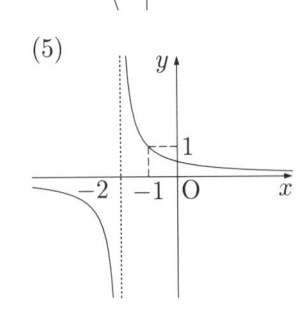

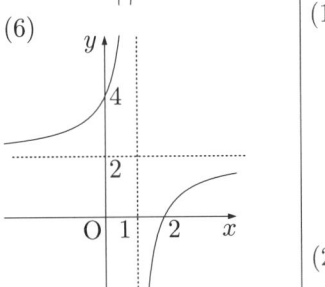

52.1 漸近線の方程式は次の通り。グラフは下図。
(1) $x = -1$, $y = 2$ (2) $x = \dfrac{3}{2}$, $y = 1$

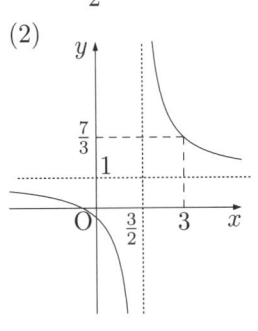

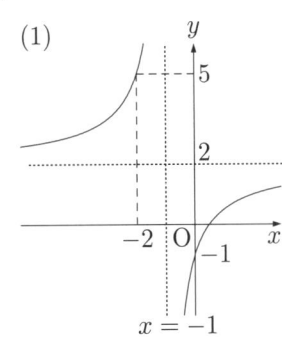

52.2
(1) $0 \leqq y \leqq 1$ (2) $-1 \leqq y \leqq \dfrac{5}{4}$ (3) $2 < y \leqq 7$
(4) $y > -2$

53.1
(1) $x = -3$ (2) $x = -5$
(3) $x = -5, 2$ (4) $x = 1, \dfrac{8}{17}$

54.1
(1) $x \geqq -4$, $y \geqq 0$ (2) $x \geqq 2$, $y \geqq -1$

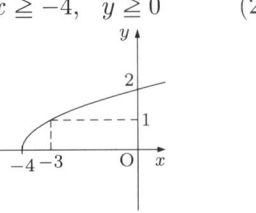

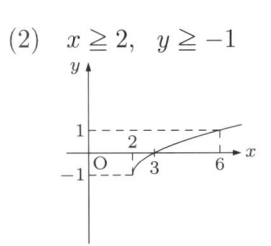

(3) $x \leqq 1$, $y \geqq 0$ 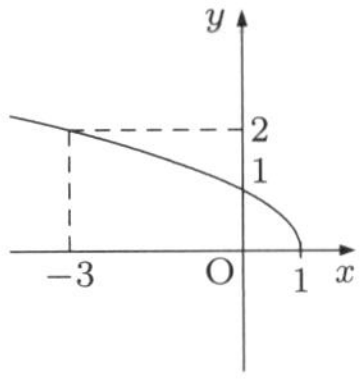 (4) $x \geqq 0$, $y \geqq 1$

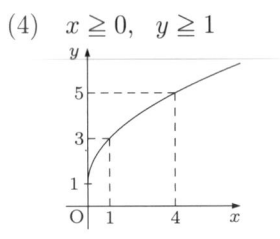

(5) $x \geqq 1$, $y \leqq 0$ 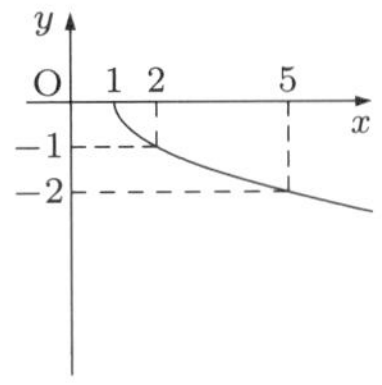 (6) $x \leqq 1$, $y \leqq 3$

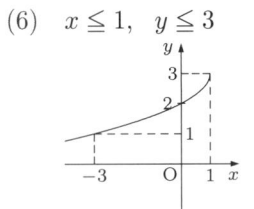

55.1
(1) $x = 9$ (2) $x = 3$ (3) 解なし

56.1 （左のグラフが元の関数。右のグラフが逆関数。）
(1) $y = -x + 3$

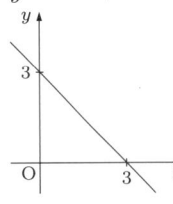

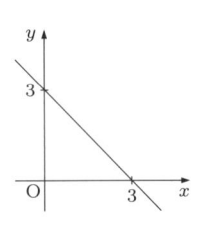

(2) $y = \sqrt{\dfrac{x}{2} + 2}$

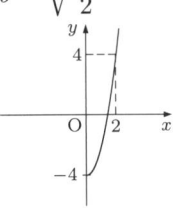

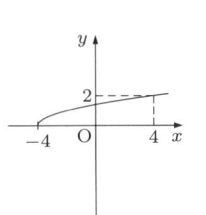

(3) $y = \dfrac{1}{2}x^2 + 2$ ($x \geqq 0$)

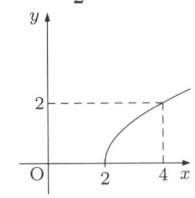

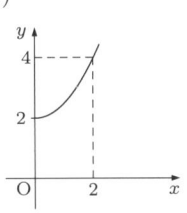

(4) $y = \dfrac{x-1}{x-2}$

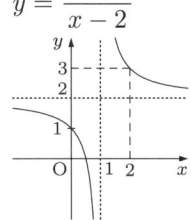

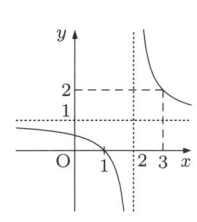

(5) $y = x^2 + 3 \quad (x \leq 0)$

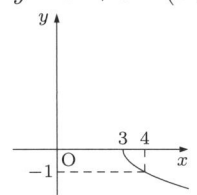

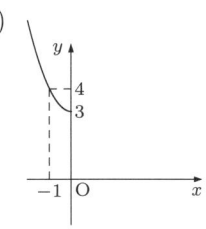

57.1
(1) $y = 3x - 5$ 　　(2) $y = -x^2 + 5x - 5$
(3) $y = \sqrt{-2x + 4} - 1$

57.2
(1) x 軸方向に $\dfrac{3}{2}$, y 軸方向に $\dfrac{9}{2}$
(2) x 軸方向に 1, y 軸方向に 1

58.1
(1) $y = \dfrac{2x-3}{x+1}$　(2) $y = \dfrac{2x+3}{-x+1}$　(3) $y = \dfrac{2x+3}{x-1}$

58.2 $y = \dfrac{4}{5}x + \dfrac{4}{15}$

58.3
(1) $y = -x^2 - 1$ 　　(2) $y = \dfrac{-1}{x-2}$
(3) $y = -\sqrt{-2(x+1)}$

59.1
(1) $y = 3x^3$ 　　(2) $y = \sqrt{2x+2}$

59.2
(1) y 軸方向に 3 倍に拡大
(2) x 軸方向に $\dfrac{1}{2}$ 倍に縮小

59.3 y 軸方向に $\dfrac{1}{2}$ 倍に縮小し, x 軸について対称移動して得られる。
（別解）$y = -(\dfrac{1}{\sqrt{2}}x)^2$ と考えれば, x 軸方向に $\sqrt{2}$ 倍に拡大し, x 軸について対称移動して得られる。

60.1
(1) $x = 2, -1 \pm \sqrt{3}i$ 　　(2) $x = 3, \dfrac{-3 \pm 3\sqrt{3}i}{2}$

60.2
(1) 3 　　(2) -2 　　(3) 31

60.3
(1) $\sqrt{3}$ 　　(2) 3 　　(3) $\dfrac{1}{2}$ 　　(4) 25

61.1
(1) 16 　　(2) $\dfrac{1}{9}$ 　　(3) 5
(4) $\dfrac{1}{125}$ 　　(5) $\sqrt{10}$ 　　(6) $\dfrac{1}{27}$

61.2
(1) 2 　(2) 27 　(3) 1 　(4) 4 　(5) 2

61.3
(1) a 　　(2) $a^{-\frac{1}{6}} b^{\frac{1}{6}}$

62.1

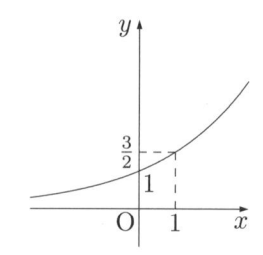

漸近線は $y = 0$ （x 軸）

62.2

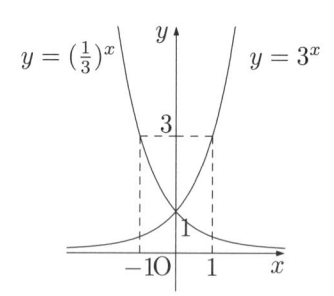

62.3
(1) y 軸に関して対称

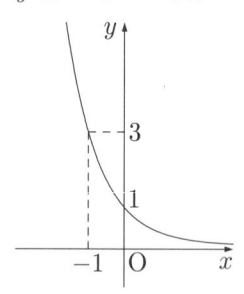

(2) x 軸に関して対称

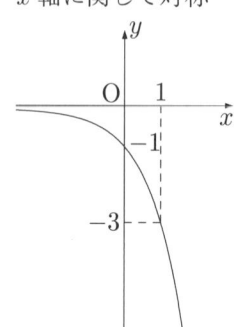

(3) 原点に関して対称

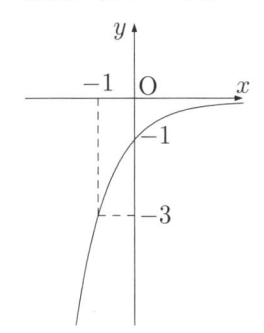

63.1
(1) $\sqrt[3]{3^3} < \sqrt[5]{3^6} < \sqrt[3]{3^4}$
(2) $(0.3)^3 < 0.3 < (0.3)^{-2}$

63.2
(1) $x = -\dfrac{1}{2}$ (2) $x > \dfrac{5}{4}$

63.3
(1) $x > 1$ (2) $x < 2$

64.1
(1) $\dfrac{3}{5}$ (2) $\dfrac{3}{4}$ (3) 4
(4) 0 (5) $\dfrac{3}{2}$ (6) 1

64.2
(1) -1 (2) 3

65.1
(1) $\dfrac{\log_{10} 7}{\log_{10} 3}$ (2) $\dfrac{\log_{10} 2}{\log_{10} 5}$ (3) $\dfrac{1}{\log_{10} 2}$

65.2
(1) $\dfrac{a}{1+a}$ (2) $6a$ (3) $-a$

65.3
(1) 1 (2) 3 (3) $\dfrac{9}{2}$

65.4 例えば，底を a に揃えて
左辺 $= \log_a b \cdot \dfrac{\log_a c}{\log_a b} \cdot \dfrac{\log_a a}{\log_a c} = 1$
よって示せた。

66.1
(1), (2), 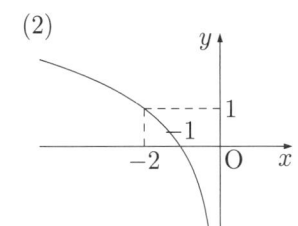 (3), 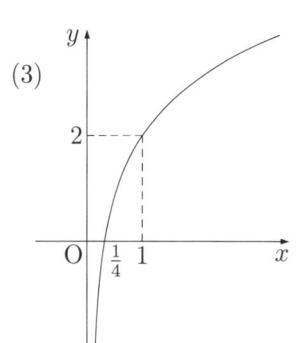 (4) グラフ

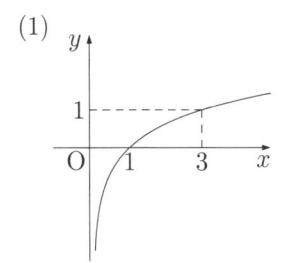

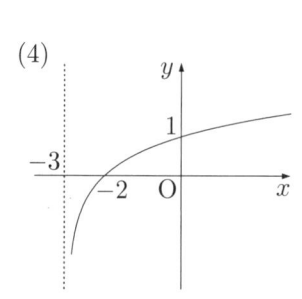

66.2
(1) $y = \log_2 x$ のグラフを y 軸方向に 1 だけ平行移動したもの
(2) $y = \log_2 x$ のグラフを y 軸方向に -2 だけ平行移動したもの
(3) $y = \log_2 x$ のグラフを x 軸に関して対称に移動したもの

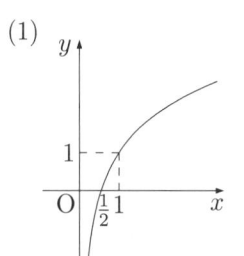

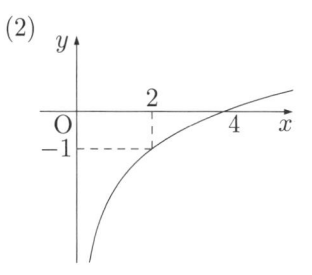

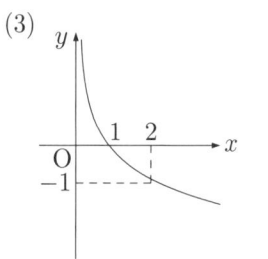

67.1
(1) $-4 < y < \dfrac{4}{5}$ (2) $-3 < y \leqq 2$

67.2
(1) $\log_{10} 3 < \log_{10} 5$
(2) $\log_{\frac{1}{3}} 3 < \log_{\frac{1}{3}} 0.5$

67.3
(1) $x = -1$ (2) $x \geqq \dfrac{4}{3}$
(3) $x > \dfrac{1}{81}$ (4) $-3 \leqq x < 5$

68.1
(1) 1.5438 (2) 1.5115

68.2
(1) 4.9×10^9 (2) 2.87×10^{-10}

68.3 7桁

68.4 17枚

69.1
(1) 0.9455　　(2) 0.9205　　(3) 28.6363

69.2
(1) 11°　　(2) 15°　　(3) 42°

69.3 $\sin\alpha, \cos\alpha, \tan\alpha$ の順に

(1) $\dfrac{\sqrt{5}}{3}, \dfrac{2}{3}, \dfrac{\sqrt{5}}{2}$　　(2) $\dfrac{5}{\sqrt{74}}, \dfrac{7}{\sqrt{74}}, \dfrac{5}{7}$

(3) $\dfrac{3}{5}, \dfrac{4}{5}, \dfrac{3}{4}$

69.4
(1) $\dfrac{\sqrt{3}}{2}$　　(2) $\dfrac{\sqrt{3}}{2}$　　(3) 1

69.5 $x = \dfrac{2}{\cos\alpha}, y = 2\tan\alpha$

70.1 $\sin\alpha = \dfrac{\sqrt{15}}{4}, \tan\alpha = \sqrt{15}$

70.2 $\cos\alpha = -\dfrac{\sqrt{5}}{3}, \tan\alpha = -\dfrac{2\sqrt{5}}{5}$

70.3 $\cos\alpha = -\dfrac{4}{5}, \sin\alpha = \dfrac{3}{5}$

70.4 $\sin\alpha = \dfrac{\sqrt{6}}{3}, \cos\alpha = \dfrac{\sqrt{3}}{3}$

71.1

(1) $c = 7$　　(2) $C = 60°$

(3) $\sin A = \dfrac{\sqrt{46}}{12}$

72.1

(1) $R = 3$　　(2) $R = \sqrt{19}$

(3) $B = 45°, 135°$

72.2 $C = 90°$ である直角三角形
（辺 AB を斜辺とする直角三角形）

73.1

(1) $\dfrac{3}{2}$　　(2) $\dfrac{3\sqrt{2}}{2}$　　(3) $\dfrac{3\sqrt{7}}{4}$

73.2 $90°$

74.1

(1) $45° + 360° \times 2$　　(2) $270° + 360° \times (-2)$

74.2

(1) $\dfrac{\pi}{3} + 2 \cdot 3\pi$　　(2) $\dfrac{3}{4}\pi + 2 \cdot (-2)\pi$

74.3

(1) $\dfrac{\pi}{3}$　　(2) $-\dfrac{\pi}{4}$　　(3) $\dfrac{11}{6}\pi$

74.4

(1) $30°$　　(2) $-90°$　　(3) $300°$

74.5

(1) 第1象限　　(2) 第2象限

75.1 いずれも単位 [cm] は略。

(1) π　　(2) $\dfrac{10}{9}\pi$

75.2 いずれも単位 [cm²] は略。

(1) π　　(2) $\dfrac{13}{9}\pi$

75.3

(1) 0.8　　(2) $\dfrac{\pi}{3}$

75.4

(1) $\dfrac{60}{\pi}$　　(2) $(0, -4)$

76.1

(1) 負　(2) 正　(3) 負　(4) 正

(5) 正　(6) 正

76.2

(1) $\sin\dfrac{5}{6}\pi = \dfrac{1}{2}$,
$\cos\dfrac{5}{6}\pi = -\dfrac{\sqrt{3}}{2}, \quad \tan\dfrac{5}{6}\pi = -\dfrac{\sqrt{3}}{3}$

(2) $\sin\dfrac{4}{3}\pi = -\dfrac{\sqrt{3}}{2}$,
$\cos\dfrac{4}{3}\pi = -\dfrac{1}{2}, \quad \tan\dfrac{4}{3}\pi = \sqrt{3}$

(3) $\sin 7\pi = 0$,
$\cos 7\pi = -1, \quad \tan 7\pi = 0$

(4) $\sin\left(-\dfrac{5}{2}\pi\right) = -1$,
$\cos\left(-\dfrac{5}{2}\pi\right) = 0, \quad \tan\left(-\dfrac{5}{2}\pi\right)$ は値なし

(5) $\sin\left(-\dfrac{17}{6}\pi\right) = -\dfrac{1}{2}$,
$\cos\left(-\dfrac{17}{6}\pi\right) = -\dfrac{\sqrt{3}}{2}, \quad \tan\left(-\dfrac{17}{6}\pi\right) = \dfrac{\sqrt{3}}{3}$

(6) $\sin\left(\dfrac{13}{4}\pi + 2n\pi\right) = -\dfrac{\sqrt{2}}{2}$,
$\cos\left(\dfrac{13}{4}\pi + 2n\pi\right) = -\dfrac{\sqrt{2}}{2}$,
$\tan\left(\dfrac{13}{4}\pi + 2n\pi\right) = 1$

77.1 左辺 $= \dfrac{\cos^2\theta - (1-\sin\theta)\sin\theta}{(1-\sin\theta)\cos\theta}$

$= \dfrac{\cos^2\theta - \sin\theta + \sin^2\theta}{(1-\sin\theta)\cos\theta} = \dfrac{1-\sin\theta}{(1-\sin\theta)\cos\theta}$

$= \dfrac{1}{\cos\theta} =$ 右辺

77.2 $\cos\theta = \dfrac{\sqrt{21}}{5}, \quad \tan\theta = -\dfrac{2}{\sqrt{21}}$

77.3 $\cos\theta = -\dfrac{1}{\sqrt{26}}, \quad \sin\theta = -\dfrac{5}{\sqrt{26}}$

77.4 $\sin\theta = \dfrac{2}{\sqrt{5}}$

78.1

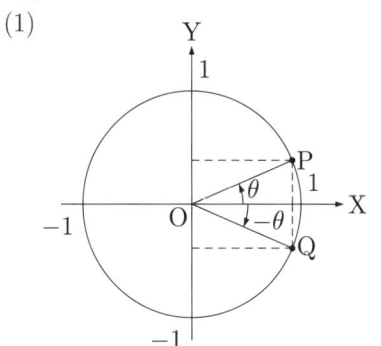

(1) [単位円の図：点P(角θ)と点Q(角-θ)]

(2) $\sin(-\theta) = -\sin\theta,$
$\cos(-\theta) = \cos\theta, \quad \tan(-\theta) = -\tan\theta$

78.2

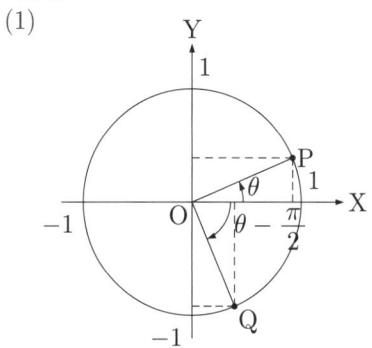

(1) [単位円の図：点P(角θ)と点Q(角θ-π/2)]

(2) $\sin\left(\theta - \dfrac{\pi}{2}\right) = -\cos\theta,$
$\cos\left(\theta - \dfrac{\pi}{2}\right) = \sin\theta, \quad \tan\left(\theta - \dfrac{\pi}{2}\right) = -\dfrac{1}{\tan\theta}$

78.3

(1) $\sqrt{1-x^2}$ \qquad (2) $-x$

(3) $-\sqrt{1-x^2}$ \qquad (4) $\sqrt{1-x^2}$

(5) $\dfrac{\sqrt{1-x^2}}{x}$ \qquad (6) $-\dfrac{x}{\sqrt{1-x^2}}$

79.1

(1) ① $\sin x$ ② x ③ $-\dfrac{\pi}{3}$ ④ 平行 ⑤ 2π
⑥ 1 ⑦ -1

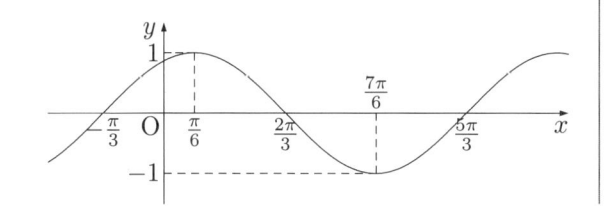

[グラフ]

(2) ① $\sin x$ ② y ③ $\dfrac{1}{2}$ ④ 縮小 ⑤ 2π
⑥ $\dfrac{1}{2}$ ⑦ $-\dfrac{1}{2}$

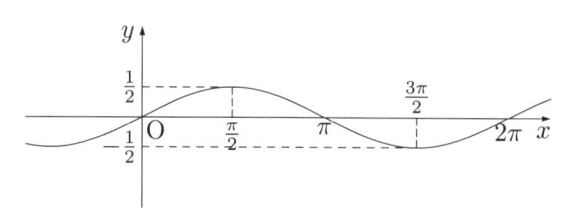

[グラフ]

(3) ① $\sin x$ ② x ③ 2 ④ 拡大 ⑤ 4π
⑥ 1 ⑦ -1

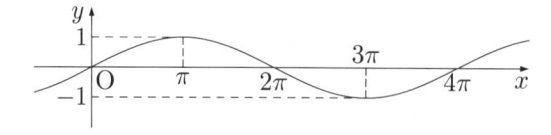

[グラフ]

80.1

(1) ① $\cos x$ ② x ③ $-\dfrac{\pi}{6}$ ④ 平行 ⑤ 2π
⑥ 1 ⑦ -1

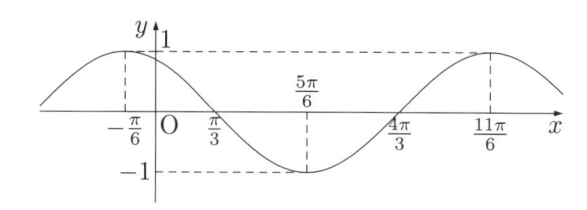

[グラフ]

(2) ① $\cos x$ ② y ③ $\dfrac{1}{2}$ ④ 縮小 ⑤ 2π
⑥ $\dfrac{1}{2}$ ⑦ $-\dfrac{1}{2}$

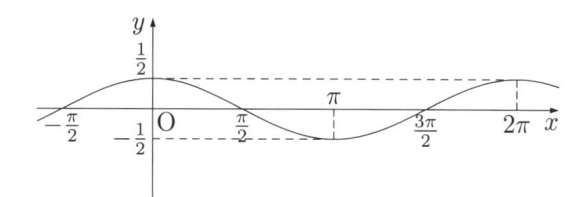

[グラフ]

(3) ① $\cos x$ ② x ③ 2 ④ 拡大 ⑤ 4π
⑥ 1 ⑦ -1

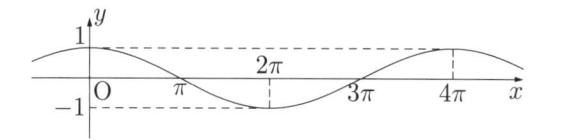

[グラフ]

81.1

(1) ① $\tan x$ ② x ③ $-\dfrac{\pi}{4}$ ④ 平行 ⑤ π

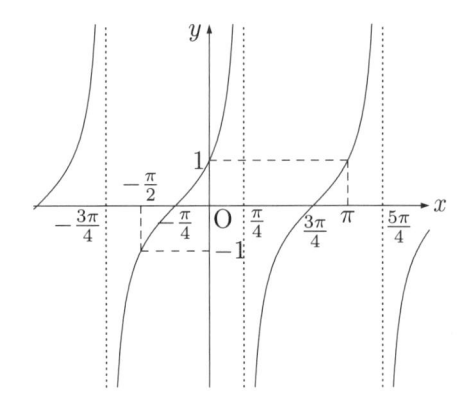

(2) ① $\tan x$ ② y ③ $\dfrac{1}{2}$ ④ 縮小 ⑤ π

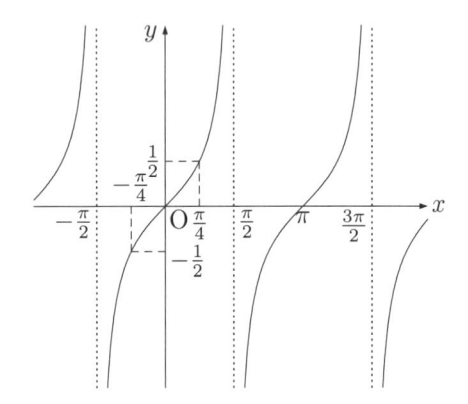

(3) ① $\tan x$ ② x ③ 2 ④ 拡大 ⑤ 2π

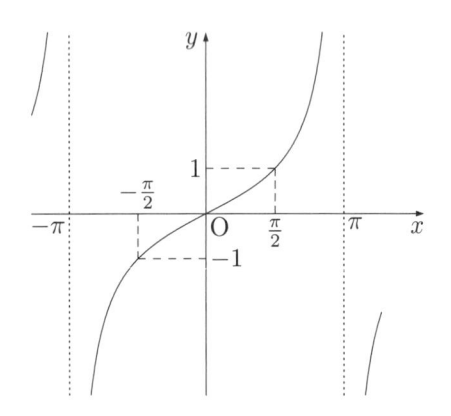

82.1

(1) ① $x+\dfrac{\pi}{3}$ ② $\cos x$ ③ $\dfrac{1}{3}$ ④ 縮小
⑤ 2 ⑥ 拡大 ⑦ x ⑧ $-\dfrac{\pi}{3}$ ⑨ 2π
⑩ $\dfrac{2\pi}{3}$ ⑪ 2

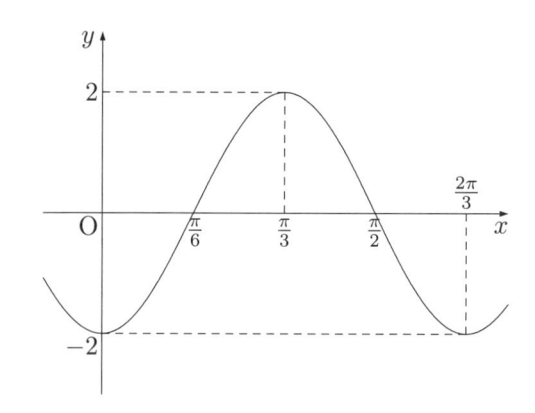

(2) ① $x-\dfrac{\pi}{3}$ ② $\sin x$ ③ 2 ④ 拡大
⑤ 2 ⑥ 拡大 ⑦ x ⑧ $\dfrac{\pi}{3}$ ⑨ 2π
⑩ 4π ⑪ 2

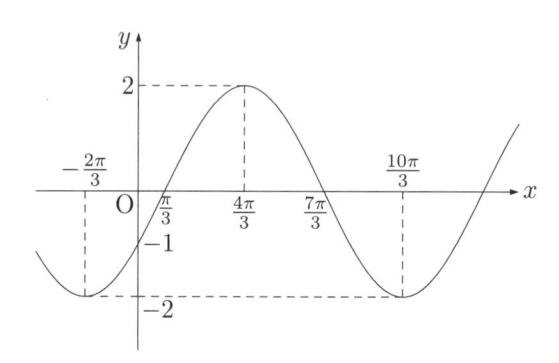

83.1

(1) $\dfrac{\sqrt{6}-\sqrt{2}}{4}$ (2) $\dfrac{\sqrt{6}+\sqrt{2}}{4}$ (3) $2-\sqrt{3}$

83.2

(1) $\dfrac{16}{65}$ (2) $\dfrac{63}{65}$ (3) $\dfrac{16}{63}$

83.3

(1) $\dfrac{2\sqrt{30}+1}{12}$ (2) $\dfrac{2\sqrt{2}-\sqrt{15}}{12}$

(3) $-\dfrac{9\sqrt{15}+32\sqrt{2}}{7}$

84.1

(1) $\dfrac{24}{25}$ (2) $-\dfrac{7}{25}$ (3) $\dfrac{2\sqrt{5}}{5}$

(4) $-\dfrac{\sqrt{5}}{5}$

84.2

(1) $-\dfrac{4}{5}$ (2) $-\dfrac{3}{5}$ (3) $\dfrac{4}{3}$

(4) $\sqrt{\dfrac{5+\sqrt{5}}{10}}$ (5) $\sqrt{\dfrac{5-\sqrt{5}}{10}}$ (6) $\dfrac{1+\sqrt{5}}{2}$

85.1
(1) $\frac{1}{2}(\sin 3x - \sin x)$ (2) $\frac{1}{2}(\cos 4x + \cos 2x)$
(3) $\frac{3}{2}(\sin 8x + \sin 2x)$ (4) $2\sin\frac{3x}{2}\cos\frac{x}{2}$
(5) $-2\cos 2x \sin x$ (6) $4\sin 4x \sin 2x$

85.2
(1) $\frac{1}{4}$ (2) $\frac{1}{\sqrt{2}}$

86.1
(1) $2\sin\left(x+\frac{\pi}{3}\right)$ (2) $\sqrt{2}\sin\left(x+\frac{7}{4}\pi\right)$
(3) $2\sin\left(x+\frac{5}{6}\pi\right)$
(4) $\sqrt{29}\sin(x+\alpha)$
ただし $\cos\alpha = \frac{2}{\sqrt{29}}, \sin\alpha = \frac{5}{\sqrt{29}}$

86.2
最大値 $2\sqrt{3}\ \left(x=\frac{5}{3}\pi\ \text{のとき}\right)$
最小値 $-2\sqrt{3}\ \left(x=\frac{2}{3}\pi\ \text{のとき}\right)$

87.1
(1) $x=\frac{\pi}{3}, \frac{2\pi}{3}$ (2) $x=\frac{3\pi}{4}, \frac{5\pi}{4}$
(3) $x=\frac{2\pi}{3}, \frac{5\pi}{3}$ (4) $\frac{\pi}{4} \leqq x \leqq \frac{3\pi}{4}$
(5) $0 \leqq x < \frac{5\pi}{6},\ \frac{7\pi}{6} < x < 2\pi$
(6) $0 \leqq x < \frac{\pi}{2},\ \frac{3\pi}{4} \leqq x < \frac{3\pi}{2},\ \frac{7\pi}{4} \leqq x < 2\pi$

87.2
(1) $x=\frac{\pi}{3},\pi$ ($2\sin(x-\frac{\pi}{6})=1$ と変形する。)
(2) $x=0, \frac{3\pi}{2}$ ($\sqrt{2}\sin(x+\frac{3\pi}{4})=1$ と変形する。)

88.1
(1) 1 (2) $3\sqrt{5}$ (3) $2\sqrt{5}$
(4) $\sqrt{2}$

88.2
(1) P$(x, 0)$ とおいて，
$\sqrt{(x-2)^2+4^2}=\sqrt{(x-1)^2+2^2}$
を解く。$x=\frac{15}{2}$ より，$\left(\frac{15}{2}, 0\right)$

(2) Q$(0, y)$ とおいて，
$\sqrt{2^2+(y-4)^2}=\sqrt{1^2+(y-2)^2}$
を解く。$x=\frac{15}{4}$ より，$\left(0, \frac{15}{4}\right)$

(3) R(x, x) とおいて，
$\sqrt{(x-2)^2+(x-4)^2}=\sqrt{(x-1)^2+(x-2)^2}$
を解く。$x=\frac{5}{2}$ より，$\left(\frac{5}{2}, \frac{5}{2}\right)$

89.1
(1) $(-1, 5)$ (2) $\left(\frac{21}{5}, -\frac{12}{5}\right)$ (3) $(6, 7)$

89.2
(1) $(0, 1)$ (2) $\left(-\frac{2}{3}, 0\right)$

89.3
$(-3, 0)$

90.1
(1) 傾き $\frac{2}{3}$, 切片 $\frac{1}{3}$ (2) 傾き $\frac{3}{5}$, 切片 $\frac{6}{5}$
(3) 傾き 2, 切片 $-\frac{7}{2}$

90.2
(1) $3x-y-5=0$ (2) $x+5y-17=0$
(3) $x-4y+14=0$ (4) $5x+2y-5=0$

90.3
(1) $x+3y-7=0$ (2) $x+2y-7=0$
(3) x 軸に平行な直線 $y=3$, y 軸に平行な直線 $x=4$

91.1
(1) $(x-3)^2+(y+1)^2=25$
(2) $\left(x-\frac{1}{2}\right)^2+\left(y+\frac{4}{3}\right)^2=3$

91.2
(1) $(x-2)^2+(y-11)^2=180$
(2) $(x-6)^2+(y+1)^2=50$

91.3
(1) 中心 $(-4, 2)$, 半径 1
(2) 中心 $\left(\frac{1}{2}, -\frac{3}{2}\right)$, 半径 $\sqrt{6}$

92.1
(1) $-3x+4y=25$ (2) $x=5$

92.2 $2x+3y=14$

92.3 $3x-4y=25, 4x+3y=25$

93.1
(1) $k<-7, 3<k$ のとき，0個
$k=-7, 3$ のとき，1個
$-7<k<3$ のとき，2個
(2) $k=-7$ のとき接点 $(3, -1)$
$k=3$ のとき接点 $(-1, 1)$

94.1

(1) $(\pm\sqrt{3}, 0)$　　　　(2) $(0, \pm 3)$

（注意：図の黒点は焦点を表す。）

(1)

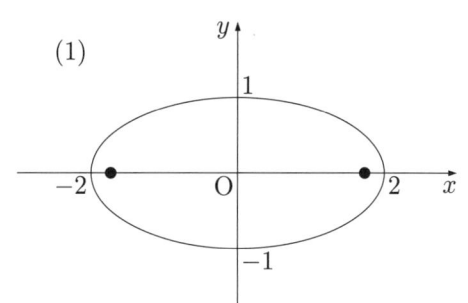

(2)

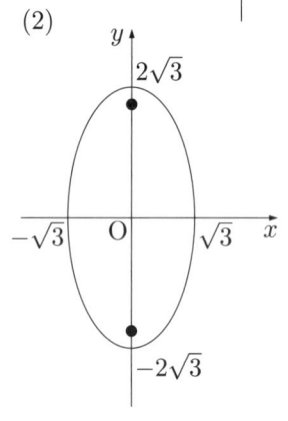

94.2

(1) 焦点 $(\pm\sqrt{13}, 0)$, 漸近線 $y = \pm\dfrac{2}{3}x$

(2) 焦点 $\left(0, \pm\dfrac{\sqrt{30}}{3}\right)$, 漸近線 $y = \pm\dfrac{\sqrt{6}}{2}x$

（注意：図の点線は漸近線，黒点は焦点を表す。）

(1)

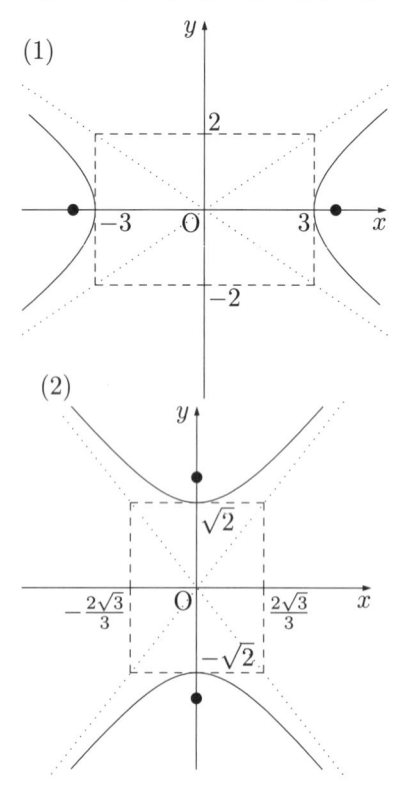

(2)

94.3

(1) 焦点 $(2, 0)$, 準線 $x = -2$

(2) 焦点 $\left(0, -\dfrac{3}{2}\right)$, 準線 $y = \dfrac{3}{2}$

（注意：図の点線は準線，黒点は焦点を表す。）

(1)　　　(2)

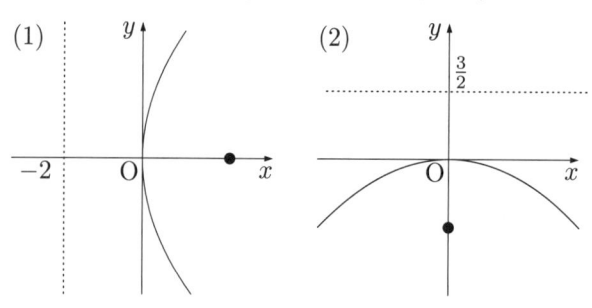

95.1

(1)（境界を含む）

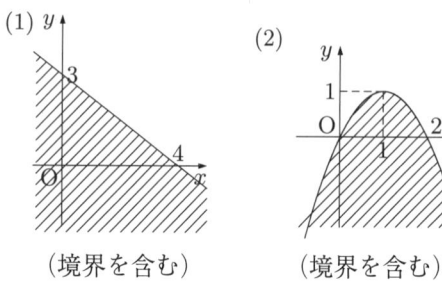

(2)（境界を含む）

(3)（境界を含む）

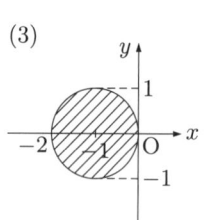

(4)（境界を含まない）

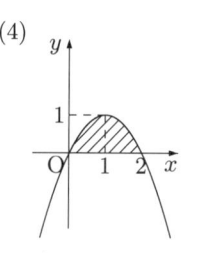

(5)（境界を含まない）

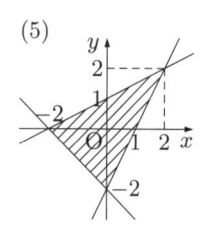

95.2

$$\begin{cases} y \geq -3x - 4 \\ y \geq \dfrac{1}{3}x - \dfrac{2}{3} \\ y \leq -\dfrac{1}{2}x + 1 \end{cases}$$

96.1

最大値は 4 （$x = 1$, $y = 3$ のとき）

最小値は 0 （$x = 0$, $y = 0$ のとき）

96.2

最大値は 2 （$x = 4$, $y = 2$ のとき）

最小値は -4 （$x = 0$, $y = 4$ のとき）

編集代表者（アイウエオ順，初版発行当時の記載内容に準じる）

　川本正治（鈴鹿工業高等専門学校）　　　長水壽寛（福井工業高等専門学校）

　馬渕雅生（八戸工業高等専門学校）

執筆（アイウエオ順，初版発行当時の記載内容に準じる）

阿蘇和寿（石川工業高等専門学校）	梅野善雄（一関工業高等専門学校）
勝谷浩明（豊田工業高等専門学校）	川本正治（鈴鹿工業高等専門学校）
小林茂樹（長野工業高等専門学校）	佐藤志保（沼津工業高等専門学校）
佐藤友信（函館工業高等専門学校）	佐藤直紀（長岡工業高等専門学校）
佐藤義隆（芝浦工業大学）	竹居賢治（都立産業技術高等専門学校）
高村　潔（仙台高等専門学校）	坪川武弘（福井工業高等専門学校）
冨山正人（石川工業高等専門学校）	長岡耕一（旭川工業高等専門学校）
長水壽寛（福井工業高等専門学校）	原田幸雄（徳山工業高等専門学校）
藤島勝弘（苫小牧工業高等専門学校）	松田　修（津山工業高等専門学校）
馬渕雅生（八戸工業高等専門学校）	宮田一郎（福井工業高等専門学校）
向山一男（都立産業技術高等専門学校）	森田健二（石川工業高等専門学校）
柳井　忠（新居浜工業高等専門学校）	山本孝司（サレジオ工業高等専門学校）
横谷正明（津山工業高等専門学校）	横山卓司（神戸市立工業高等専門学校）

Ⓒ日本数学教育学会　高専・大学部会教材研究グループ TAMS（タムス）　2009

ドリルと演習シリーズ　基礎数学

2009年　3月31日　第1版第 1刷発行
2023年 12月25日　第1版第13刷発行

編著者　日 本 数 学 教 育 学 会
　　　　高専・大学部会教材研究
　　　　グループ TAMS（タムス）
　　　　代　表　阿 蘇 和 寿
発行者　田 　 中 　 聡

発　行　所
株式会社　電 気 書 院
ホームページ　www.denkishoin.co.jp
（振替口座　00190-5-18837）
〒101-0051　東京都千代田区神田神保町1-3 ミヤタビル2F
電話（03）5259-9160／FAX（03）5259-9162

印刷　日経印刷株式会社
Printed in Japan／ISBN978-4-485-30201-9

・落丁・乱丁の際は，送料弊社負担にてお取り替えいたします．

JCOPY　〈出版者著作権管理機構　委託出版物〉

本書の無断複写（電子化含む）は著作権法上での例外を除き禁じられています．複写される場合は，そのつど事前に，出版者著作権管理機構（電話: 03-5244-5088, FAX: 03-5244-5089, e-mail: info@jcopy.or.jp）の許諾を得てください．また本書を代行業者等の第三者に依頼してスキャンやデジタル化することは，たとえ個人や家庭内での利用であっても一切認められません．

書籍の正誤について

万一，内容に誤りと思われる箇所がございましたら，以下の方法でご確認いただきますようお願いいたします．

なお，正誤のお問合せ以外の書籍の内容に関する解説や受験指導などは**行っておりません**．このようなお問合せにつきましては，お答えいたしかねますので，予めご了承ください．

正誤表の確認方法

最新の正誤表は，弊社Webページに掲載しております．書籍検索で「正誤表あり」や「キーワード検索」などを用いて，書籍詳細ページをご覧ください．

正誤表があるものに関しましては，書影の下の方に正誤表をダウンロードできるリンクが表示されます．表示されないものに関しましては，正誤表がございません．

弊社Webページアドレス
https://www.denkishoin.co.jp/

正誤のお問合せ方法

正誤表がない場合，あるいは当該箇所が掲載されていない場合は，書名，版刷，発行年月日，お客様のお名前，ご連絡先を明記の上，具体的な記載場所とお問合せの内容を添えて，下記のいずれかの方法でお問合せください．
回答まで，時間がかかる場合もございますので，予めご了承ください．

郵便で問い合わせる　郵送先
〒101-0051
東京都千代田区神田神保町1-3
ミヤタビル2F
㈱電気書院　編集部　正誤問合せ係

FAXで問い合わせる　ファクス番号　03-5259-9162

ネットで問い合わせる　弊社Webページ右上の「**お問い合わせ**」から
https://www.denkishoin.co.jp/

お電話でのお問合せは，承れません

（2022年5月現在）